W0261931

Studienskripten zur Soziologie

20 E.K.Scheuch/Th.Kutsch, Grundbegriffe der Soziologie
    Grundlegung und Elementare Phänomene
    2. Auflage. 376 Seiten. DM 17,80

22 H. Benninghaus, Deskriptive Statistik
    (Statistik für Soziologen, Bd. 1)
    5. Auflage. 280 Seiten. DM 18,80

23 H. Sahner, Schließende Statistik
    (Statistik für Soziologen, Bd. 2)
    2. Auflage. 188 Seiten. DM 15,80

24 G. Arminger, Faktorenanalyse
    (Statistik für Soziologen, Bd. 3)
    198 Seiten. DM 16,80

25 H. Renn, Nichtparametrische Statistik
    (Statistik für Soziologen, Bd. 4)
    138 Seiten. DM 14,80

26 K. Allerbeck, Datenverarbeitung in der
    empirischen Sozialforschung
    Eine Einführung für Nichtprogrammierer
    187 Seiten. DM 10,80

27 W. Bungard/H.E. Lück, Forschungsartefakte
    und nicht-reaktive Meßverfahren
    181 Seiten. DM 15,80

28 H. Esser/K. Klenovits/H. Zehnpfennig,
    Wissenschaftstheorie 1 Grundlagen
    und Analytische Wissenschaftstheorie
    285 Seiten. DM 18,80

29 H. Esser/K. Klenovits/H. Zehnpfennig,
    Wissenschaftstheorie 2 Funktionsanalyse
    und hermeneutisch-dialektische Ansätze
    261 Seiten. DM 18,80

30 H. v. Alemann, Der Forschungsprozeß
    Eine Einführung in die Praxis der
    empirischen Sozialforschung
    351 Seiten. DM 17,80

31 E. Erbslöh, Interview
    (Techniken der Datensammlung, Bd. 1)
    119 Seiten. DM 14,80

32 K.-W. Grümer, Beobachtung
    (Techniken der Datensammlung, Bd. 2)
    290 Seiten. DM 19,80

35 M. Küchler, Multivariate Analyseverfahren
    262 Seiten. DM 18,80

36 D. Urban, Regressionstheorie und Regressionstechnik
    245 Seiten. DM 17,80

37 E. Zimmermann, Das Experiment in den Sozialwissenschaften
    308 Seiten. DM 19,80

Fortsetzung auf der 3. Umschlagseite

<u>Zu diesem Buch</u>

"Praxis der Umfrageforschung" ist ein Leitfaden zur Erhebung und Auswertung sozialwissenschaftlicher Umfragedaten. Am Beispiel der Allgemeinen Bevölkerungsumfrage der Sozialwissenschaften (ALLBUS) werden
Verfahren, Möglichkeiten und Probleme der Durchführung standardisierter
Umfragen und der Analyse ihrer Daten dargestellt.

Nach einem kurzen Überblick über Sozialberichterstattung mit Umfragedaten, in dem replikative Surveys als Instrumente zur Messung sozialen
Wandels behandelt werden, folgt eine umfassende, projektbezogene und
praxisorientierte Beschreibung der Verfahren und Probleme bei der Realisierung eines sozialwissenschaftlichen Umfrageprogramms. In einem
weiteren Schwerpunkt wird eine Vorgehensweise der sekundäranalytischen
Auswertung von Umfragedaten beschrieben. Die vielfältigen inhaltlichen
und methodischen Fragestellungen, die mit Daten aus einer Mehrthemenbefragung wie dem ALLBUS behandelt werden können, sind Gegenstand des
abschließenden Kapitels.

"Praxis der Umfrageforschung" wendet sich in erster Linie an Studenten
und jüngere Sozialforscher, die mit Verfahren, Methoden und Problemen
im Bereich der Umfrageforschung nur wenig oder überhaupt nicht vertraut
sind. Erfahreneren Sozialforschern kann es als Erinnerungshilfe und
Nachschlagewerk dienen, wenn sie Forschungsprojekte durchführen oder
sich mit Sekundäranalysen von Umfragedaten beschäftigen.

Studienskripten zur Soziologie

Herausgeber: Prof. Dr. Erwin K. Scheuch
            Prof. Dr. Heinz Sahner

Teubner Studienskripten zur Soziologie sind als in sich
abgeschlossene Bausteine für das Grund- und Hauptstudium
konzipiert. Sie umfassen sowohl Bände zu den Methoden der
empirischen Sozialforschung, Darstellung der Grundlagen
der Soziologie, als auch Arbeiten zu sogenannten Binde-
strich-Soziologien, in denen verschiedene theoretische
Ansätze, die Entwicklung eines Themas und wichtige empirische Studien und Ergebnisse dargestellt und diskutiert
werden. Diese Studienskripten sind in erster Linie für
Anfangssemester gedacht, sollen aber auch dem Examens-
kandidaten und dem Praktiker eine rasch zugängliche In-
formationsquelle sein.

Praxis der Umfrageforschung

Erhebung und Auswertung
sozialwissenschaftlicher Umfragedaten

Von Dipl.-Soz. Rolf Porst
Universität Mannheim und
Zentrum für Umfragen, Methoden
und Analysen (ZUMA) e.V. Mannheim

B. G. Teubner Stuttgart 1985

Diplom-Soziologe Rolf Porst

1952 in Speyer geboren. Vom 1973 bis 1977 Studium der
Soziologie, Politischen Wissenschaft und Zeitgeschichte
an der Universität Mannheim. 1977 Diplom in Soziologie.
Nach einjähriger freiberuflicher Tätigkeit seit Septem-
ber 1978 wissenschaftlicher Mitarbeiter im DFG-Projekt
"Allgemeine Bevölkerungsumfrage der Sozialwissenschaften
(ALLBUS)" an der Universität Mannheim (Mitte 1981 bis
Mitte 1983 Universität Heidelberg) bzw. am Zentrum für
Umfragen, Methoden und Analysen (ZUMA) e.V. in Mannheim.

CIP-Kurztitelaufnahme der Deutschen Bibliothek

Porst, Rolf:
Praxis der Umfrageforschung : Erhebung u. Auswertung
sozialwiss. Umfragedaten / von Rolf Porst. - Stuttgart:
Teubner, 1985.
  (Teubner-Studienskripten ; 126 : Studienskripten
  zur Soziologie)
  ISBN-13: 978-3-519-00126-3   e-ISBN-13: 978-3-322-84789-8
  DOI: 10.1007/978-3-322-84789-8

NE: GT

Gesamtherstellung: Beltz Offsetdruck, Hemsbach/Bergstr.
Umschlaggestaltung: M. Koch, Reutlingen

<u>Vorwort</u>

Das vorliegende Buch basiert im wesentlichen auf dem dreiteiligen Studienkurs "Allgemeine Bevölkerungsumfrage der Sozialwissenschaften: Ziele, Anlage, Methoden und Resultate", den ich für die Fernuniversität (Gesamthochschule) Hagen verfaßt habe. Ziel dieses Studienkurses wie auch des vorliegenden Buches ist eine grundlegende und praxisorientierte Einführung in die Methoden und Probleme der Umfrageforschung, speziell hinsichtlich standardisierter mündlicher Interviews. Als empirische Grundlage dient die "Allgemeine Bevölkerungsumfrage der Sozialwissenschaften (ALLBUS) 1980".

Das Projekt "Allgemeine Bevölkerungsumfrage der Sozialwissenschaften (ALLBUS)" wird durch die Deutsche Forschungsgemeinschaft gefördert. Als Antragsteller und Projektleiter zeichnen derzeit Walter M ü l l e r (Mannheim), Franz U. P a p p i (Kiel), Erwin K. S c h e u c h (Köln) und Rolf Z i e g l e r (München) verantwortlich.

Das vorliegende Buch soll verstanden werden als praktische Handlungsanweisung für die Durchführung empirischer Forschungsvorhaben im Rahmen der Umfrageforschung. Eine solche Handlungsanweisung erscheint gleichermaßen notwendig wie überfällig, da in der Literatur in der Regel nur in mehr oder weniger ansprechender Weise Ergebnisse der Forschungsarbeit expliziert werden, aber nur selten etwas über die tatsächlich zu leistende "Knochenarbeit" im Vorfeld solcher Ergebnisse publiziert wird.

Das Buch verfolgt weiterhin das Ziel, insbesondere Studenten und jüngeren Sozialwissenschaftlern exemplarisch und detailliert zu vermitteln, wie sozialwissenschaftliche Aussagen auf der Basis sekundäranalytisch ausgewerteter Umfragedaten zustandekommen können. In einer Zeit, in der Forschungsgelder knapper, eigene - insbesondere bundesweite - Umfragen gerade für jüngere Sozialforscher damit schwieriger zu realisieren, wenn nicht unmöglich werden, ist die sekundäranalytische Auswertung von Umfragedaten eine in ihrer Bedeutung nicht hoch genug einzuschätzende Möglichkeit geworden, durch eigene empirische Arbeiten in die wissenschaftliche Diskussion einzugreifen.

Dieses Buch lebt von den alltäglichen Erfahrungen in der empirischen Forschungsarbeit. Es ist - damit möchte ich mich nicht der alleinigen Verantwortung für seinen Inhalt entziehen - ein Produkt, zu dessen Entstehen viele Kollegen auf unterschiedliche Weise beigetragen haben.

Mein besonderer Dank gilt Karl Ulrich M a y e r (Berlin) und Peter S c h m i d t (Gießen), die wesentliche Beiträge geleistet haben bei der Konzeptualisierung des Studienkurses für die Fernuniversität Hagen, damit letztlich auch dieses Buch.

Ich danke G. B ü s c h g e s und R. W i t t e n b e r g (beide Nürnberg), die zu der Zeit, als der dem Buch zugrundeliegende Studienkurs für die Fernuniversität Hagen geschrieben wurde, die Erstellung des Studienkurses dort betreut und durch gründliche und konstruktive Kritik zum Entstehen dieser Arbeit beigetragen haben. Der Fernuniversität Hagen danke ich für die Erlaubnis, den Studienkurs als Buch veröffentlichen zu dürfen.

Ich danke den Antragstellern des Projekts ALLBUS, die mich ermutigt haben, den Studienkurs zur Veröffentlichung als Buch einzureichen, und dem Mitherausgeber der Teubner-Studienskripte zur Soziologie, H. S a h n e r, für eine Reihe inhaltlicher und formaler Anregungen und Vorschläge für die Gestaltung des vorliegenden Buches.

Ganz besonders herzlich aber danke ich allen Kollegen der ALLBUS-Projektgruppe und des Zentrums für Umfragen, Methoden und Analysen (ZUMA) e.V. in Mannheim sowie des Zentralarchivs für empirische Sozialforschung der Universität zu Köln, die zum Gelingen der Allgemeinen Bevölkerungsumfrage der Sozialwissenschaften beigetragen und damit im Prinzip erst das vorliegende Buch ermöglicht haben.

Mannheim, im Juni 1985   Rolf Porst

Inhaltsverzeichnis

1. Einleitung

Die Beobachtung, Beschreibung und Erklärung sozialen Wandels ist ein
ebenso klassisches wie zentrales Problem der Soziologie. Inwiefern
die Soziologie diesem Problem empirisch mit den ihr eigenen Mitteln
gerecht werden kann, hängt wesentlich davon ab, ob und inwieweit es
ihr gelingt, adäquate Datenbasen zu schaffen, die in systematischer
Weise als empirische Grundlage zur Abbildung von Prozessen sozialen
Wandels dienen können.

Eine solche Datenbasis muß eine Reihe von Charakteristika aufweisen,
die typischerweise den Daten der amtlichen Sozialstatistik eigen sind:
ihre Messungen müssen stetig und konventionalisiert sein, sie müssen
regelmäßig wiederholt werden und zeitreihenfähige Daten produzieren.
Daten der amtlichen Statistik galten und gelten landläufig nach wie
vor als optimale Datenbasis zur Bearbeitung von Fragen nach sozialem
Wandel.

Erst in neuerer Zeit gewann eine weitere potentielle Datenbasis zur Beobachtung und Erklärung sozialen Wandels an Gewicht, deren Methode alles
andere als neu und die nicht selten als das Instrument der empirischen
Sozialforschung schlechthin angesehen worden ist: Daten, die mit Hilfe
standardisierter Interviews erhoben worden sind.

Die "neue" Bedeutung dieses alten Verfahrens liegt darin, daß man seine
Ergebnisse nicht mehr alleine als "Momentaufnahmen" eines gesellschaftlichen Zustandes ansieht und im Sinne eher statischer Querschnitts-
analysen bearbeitet; sie liegt in der Idee, die Vorteile von Umfragen
zu nutzen für die Messung sozialen Wandels. Diese Idee verändert nicht
nur das Verständnis von Umfrageforschung, sondern die Forschungsdesigns
und die Instrumente selbst.

Im Verhältnis zu den Daten der amtlichen Statistik hatte die Umfrageforschung lange Zeit eine Art "Schattendasein" bei der Bearbeitung gesamtgesellschaftlicher Fragestellungen geführt. So konnte etwa Franz
Urban P a p p i (1979, Seite 10) von einem grundsätzlichen Mißver-

verhältnis zwischen Umfragedaten und amtlicher Statistik als Datenquellen für Sozialstrukturanalysen sprechen und feststellen, "daß der Beitrag der Umfrageforschung zur Sozialstrukturanalyse nach wie vor bescheiden geblieben ist".

Wenngleich die Bedeutung der amtlichen Statistik für Sozialstrukturanalysen wie auch für die Messung sozialen Wandels nicht unterschätzt werden darf, hat sie doch in bezug auf letzteres einen ganz entscheidenden Nachteil: ihre Daten bewegen sich im wesentlichen im Bereich struktureller oder demographischer, also sogenannter "harter" oder "objektiver" Merkmale; sozialer Wandel als Wandel von Einstellungen und Werten bleibt ihr (zumindest in der Bundesrepublik und zumindest unter den derzeitigen rechtlichen Bedingungen) weitgehend unzugänglich. Genau in dieser Hinsicht aber liegt bekannterweise der Vorteil und die Chance der Umfrageforschung.

Wenn es gelänge, so die eigentlich naheliegende Überlegung, die Vorteile der amtlichen Statistik (Stetigkeit und Konventionalisierung der Messungen, regelmäßige Wiederholungen und Zeitreihenfähigkeit) und die Vorteile der Umfrage (Erfassung von Einstellungen und Werten, leichterer Zugang zu den Daten, leichtere Handhabbarkeit der Daten) zu verbinden, könnte so eine angemessene Datenbasis zur Beobachtung und Erklärung von Prozessen des sozialen Wandels geschaffen werden.

Die Antwort auf die Frage, wie sich die Vorteile beider Verfahren verbinden ließen und beider Anforderungen gerecht werden könne, liegt in der Anwendung replikativer Surveys. Replikative Surveys sind Umfragen, die durch vollständige oder partielle Wiederholung von Frageprogrammen in regelmäßigen Zeitabständen für (hier: soziologisch) relevante Variablen Zeitreihenbildung ermöglichen (s. etwa D u n c a n 1969, D u n c a n 1975, M a y e r 1984).

Das wohl bekannteste Beispiel eines solchen replikativen Surveys ist der General Social Survey (GSS) des National Opinion Research Center (NORC) der University of Chicago.

Mit dem General Social Survey führte das NORC von 1972 bis 1978 in jähr-
lichem Abstand, dann 1980 und 1982, dann wieder jährlich eine nationale
Befragung durch, die die wichtigsten Forschungsinteressen der empirisch
arbeitenden Sozialwissenschaftler in den Vereinigten Staaten abdecken
sollte. Ausdrücklich ausgenommen durch das NORC sind dabei allerdings
weite Bereiche der politikwissenschaftlichen und politisch-soziologi-
schen Forschung, die kontinuierlich vom Center for Political Studies,
ISR, University of Michigan, bearbeitet werden.

Die Autoren des General Social Survey teilen ihr Fragenprogramm formal
ein in Verhaltens- bzw. Wissensfragen, Einstellungsfragen und Fragen
zur sozialen Kontrolle. Die inhaltlichen Themenbereiche, die sich nach
diesen formalen Gesichtspunkten weiter aufgliedern, sind Umwelt und
Gemeinde, Ehe und Familie, Sexualität und Geschlechtsrollen, soziale
Schichtung und Klassenbewußtsein, Religion, Rassenbeziehungen, Politik
(in geringem Umfange), Primärumwelt und Vereinsmitgliedschaften, sowie abweichendes Verhalten. Ein Teil dieser Fragen wird jedesmal erhoben, ein weiterer Teil rotiert nach festem Schema.

In der Bundesrepublik ist, nach dem Vorbild des General Social Survey,
die "Allgemeine Bevölkerungsumfrage der Sozialwissenschaften (ALLBUS)"
als replikativer Survey ins Leben gerufen worden.

Die Idee einer Allgemeinen Bevölkerungsumfrage der Sozialwissenschaften für die Bundesrepublik entstand im Jahre 1974 im Rahmen einer Ini-
tiative der Deutschen Gesellschaft für Soziologie zum Ausbau der Infrastruktur der empirischen Sozialforschung in der Bundesrepublik.
Konkretisiert wurde diese Idee zum erstenmal im Zusammenhang mit der
Forschungsplanung der Deutschen Forschungsgemeinschaft, dem sogenannten "Grauen Plan", im Jahre 1975. In Anknüpfung an ausländische Vorbilder, wie etwa den amerikanischen General Social Survey, sollte auch
in der Bundesrepublik eine "regelmäßige Erhebung von Einstellungen,
Zufriedenheiten, Aspirationen und Wertorientierungen sowie der Lebens-
weisen und Lebensumstände der Bevölkerung" durchgeführt werden
(M a y e r 1984, Seite 11).

Daraufhin hat eine Gruppe von Sozialwissenschaftlern, darunter maßgeb-
lich Franz Urban P a p p i , im Auftrag der Senatskommission für empirische Sozialforschung bei der Deutschen Forschungsgemeinschaft eine
Konzeption für die Allgemeine Bevölkerungsumfrage der Sozialwissenschaften entwickelt, die im Jahre 1978 von L e p s i u s , S c h e u c h
und Z i e g l e r in Form eines Forschungsantrags der DFG vorgelegt
worden ist. Die DFG hat diesem Antrag entsprochen und fördert das Projekt ALLBUS seit 1979.

Seiner Konzeption nach ist der ALLBUS ein Forschungsprogramm zur Erhebung und Verbreitung aktueller und repräsentativer Daten über Einstellungen und Verhaltensweisen der Bevölkerung der Bundesrepublik Deutschland. Er dient vornehmlich dem Ziel, für Forschung und Lehre in den Sozialwissenschaften eine kontinuierliche, inhaltlich fruchtbare und
methodisch anspruchsvolle Informationsgrundlage zu schaffen, die allgemein zugänglich ist.

Kern des Forschungsprogramms sind regelmäßig zu wiederholende Bevölkerungsumfragen mit einem teils konstanten, teils variablen Fragenprogramm, das im wesentlichen an ältere Untersuchungen der emprischen Sozialforschung anknüpft. Mit den Ergebnissen sollen Beiträge geleistet
werden zu einer deskriptiven, kontinuierlichen Sozialberichterstattung,
zur Untersuchung des sozialen Wandels und zu einer systematischen, international vergleichenden Gesellschaftsanalyse.

Ein wichtiges Merkmal des ALLBUS (wie auch des General Social Survey)
ist die allgemeine Zugänglichkeit der Daten. Gegen einen geringen Un-
kostenbeitrag kann jeder Interessent die Daten der ALLBUS-Umfragen erhalten und damit eigene Analysen erstellen und mit eigenen Beiträgen
in die wissenschaftliche Diskussion eingreifen, ein Angebot, das insbesondere von jüngeren Sozialwissenschaftlern in erheblichem Ausmaß auch
genutzt wird.

Die Bereitstellung des "öffentlichen" ALLBUS läßt erwarten, daß sich
zwei Tendenzen in der empirischen Sozialforschung der Bundesrepublik
verstärken werden, nämlich die Verwendung von Umfragedaten zur Bearbei-

tung sozialwissenschaftlicher, auch die zeitliche Dimension berücksich-
tigender Fragestellungen und die Anwendung sekundäranalytischer Verfahren.

Das Ausmaß, in dem sich diese Tendenzen entwickeln werden, ist im Ansatz
bereits zu erkennen; insbesondere bei Studenten und jüngeren Sozialwissenschaftlern stößt der ALLBUS auf großes Interesse. Das Ausmaß, in dem
sich diese Tendenzen gerade hier aller Voraussicht nach noch verstärken
werden, macht die Verfügung über zwei Arten von Wissen erforderlich:
zum einen das Wissen über das Zustandekommen von Umfragedaten selbst,
also Kenntnisse über den realen Ablauf eines Forschungsvorhabens in der
Umfrageforschung, zum andern das Wissen über das Zustandekommen sozialwissenschaftlicher Aussagen auf der Basis von Sekundärdaten, also Kenntnisse über das Vorgehen und die Probleme bei sekundäranalytischer Auswertung von Daten. Letzteres dient der wissenschaftlich exakten und
nachvollziehbaren Gewinnung sozialwissenschaftlicher Aussagen, ersteres
dient der Fähigkeit, solche Aussagen kritisch hinterfragen und beurteilen zu können.

Ziel dieses Buches ist es, beide Aspekte anschaulich zu vermitteln.
Nach einer kurzen Darstellung replikativer Surveys als Mittel zur Messung sozialen Wandels wird am Beispiel des ALLBUS 1980 dargestellt, wie
ein Forschungsprogramm im Rahmen der Umfrageforschung in die Praxis umgesetzt werden kann und welche Probleme dabei entstehen können. Dieser
Teil des Buches ist zu verstehen als praktische Handlungsanweisung für
die Durchführung empirischer Forschungsvorhaben im Rahmen der Umfrageforschung. Zugleich soll damit die Kritikbereitschaft und die Kritikfähigkeit gegenüber Umfragedaten geweckt und gefördert werden.

Im einzelnen behandelt dieser Teil die Entstehung des Fragenprogramms,
die Durchführung und Verarbeitung des Pretests und die Durchführung der
Hauptstudie zum ALLBUS 1980. Daneben ist er methodischen Problemen gewidmet, wie sie im Zusammenhang mit den Instrumenten des Fragebogens
(also den Einzelfragen, Fragebatterien und Skalen), der Stichprobe,
der Durchführung der Interviews und der Aufbereitung der erhobenen
Daten auftreten können.

Der zweite Teil des Buches soll - wieder anhand des ALLBUS 1980 - aufzeigen, daß sich allgemeine Bevölkerungsumfragen nutzen lassen als Instrumente zur Beobachtung und Erklärung sozialer Tatbestände, und es wird exemplarisch dargestellt, wie sozialwissenschaftliche Aussagen zur Beschreibung und Erklärung sozialer Tatbestände auf der Basis sekundäranalytisch ausgewerteter Umfragedaten zustandekommen können.

Abschließend gibt das Buch einen Überblick über eine Reihe inhaltlicher und methodischer Ergebnisse, die unter Verwendung von Daten des ALLBUS 1980 erzielt worden sind.

Derjenige Leser, der mit der Durchführung eigener empirischer Arbeiten und ihrer inhaltlichen und methodischen Analyse vertraut ist, wird an vielen Stellen sicherlich auf Bekanntes treffen, und er wird sich zurecht fragen, warum denn schon wieder über die Durchführung eines Pretests oder über Datenbereinigung geschrieben wird. Er möge sich damit trösten, daß dieses Buch eigentlich für ihn gar nicht geschrieben worden ist.

Es ist vielmehr geschrieben worden für Studenten und junge Sozialwissenschaftler, die mit Verfahren und Methoden im Bereich der Umfrageforschung noch wenig oder überhaupt nicht vertraut sind. Ihnen soll in kompakter und anwendungsbezogener Weise das Handwerkszeug mit auf den Weg gegeben werden, das sie benötigen, wenn sie in angemessener Weise Gegenstände der empirischen Sozialforschung behandeln wollen. Wenn ihnen für die Bearbeitung ihrer Forschungsfragen damit Hilfestellung gegeben werden kann, hat dieses Buch seinen Zweck erfüllt und sein Ziel erreicht.

2. Sozialberichterstattung mit Umfragedaten: Replikative Surveys als Instrumente zur Messung sozialen Wandels

Sozialberichterstattung definiert Wolfgang Z a p f (1977a, Seite 212 ff) als die praktische Tätigkeit von "Institutionen ... , die es erlauben, gesellschaftliche Verhältnisse und die Wirkungen politischen Handelns regelmäßig, umfassend und autonom zu beobachten". Solche Institutionen werden als Institutionen der gesellschaftlichen Dauerbeobachtung bezeichnet, ihre aggregierten Leistungen als gesamtgesellschaftliche Information.

Gesellschaftliche Dauerbeobachtung ist für Z a p f aber keineswegs ausschließlich eine sozialwissenschaftliche Methode, sondern vielmehr auch ein Modell für Politik, "ein Modell des Regierens, in dem deutlicher als in anderen Modellen nach den politischen Rückkoppelungen und Erfolgskontrollen gefragt wird" (Z a p f 1977a, Seite 213).

Durch kontinuierliche Informationsgewinnung, durch die Verteilung und Anwendung von Informationen, aber auch durch Verhinderung ihrer Nicht-Anwendung, soll das Modell einer aktiven Gesellschaftspolitik mit gesellschaftlicher Dauerbeobachtung einer demokratischen Praxis entgegenwirken, in der Probleme so lange latent bleiben, bis sie aufgrund brisanter Zuspitzungen ins öffentliche Bewußtsein gelangen, in Aktionismus und Programmatik hochstilisiert werden, um dann schließlich spezifischen Institutionen zur Verwaltung übergeben zu werden und allmählich wieder in Vergessenheit zu geraten:

"Weil es immer mehr Probleme gibt als gleichzeitig gelöst werden können, erscheint es rational, wenn Politiker und Öffentlichkeit ihre Ressourcen so verteilen, daß sie wenigstens die Spitze der Probleme abarbeiten können, bevor die nächste Krise kommt. Die Mobilisierung reicht dazu aus, um neue Programme zu starten und dramatische Enquêten vorzulegen; anschließend wird das Problem jedoch spezialisierten Instanzen zugewiesen. Das ist die Politik und die Informationspolitik des Durchwurstelns (muddling through) ..." (Z a p f 1977a, Seite 211).

Zentrale Voraussetzung der politischen Steuerung im Modell einer aktiven Gesellschaftspolitik ist für Z a p f die systematische und kontinuierliche Gewinnung relevanter gesellschaftlicher Informationen. Dies ist die Aufgabe der gesellschaftlichen Dauerbeobachtung und Sozialberichterstattung; sie sollen

- "die Verfügbarkeit von Grundinformationen (die 'statistische Infrastruktur') verbessern ... , und zwar mittels weit disaggregierter Daten und langer Zeitreihen",

- "die Wirtschaftsberichterstattung ergänzen und in eine breit angelegte Analyse des sozialen Wandels inkorporieren",

- "ihre Aufmerksamkeit auf die Messung von Outputs (Nutzen) und weg von der bisherigen Inputbetrachtung (Kosten) lenken" und

- "als ein breites und pluralistisches Spektrum von Aktivitäten institutionalisiert werden ... , d.h. sowohl von der Regierung als von Interessengruppen und der Wissenschaft betrieben" werden (Z a p f 1977a, Seite 219).

Um diese Aufgaben einer systematischen gesellschaftlichen Dauerbeobachtung leisten zu können, gibt es eine ganze Reihe von Ansätzen zur Sozialberichterstattung (s. Z a p f 1977a, Seite 220 ff); wir wollen uns drei davon etwas näher ansehen, und zwar

a) Systeme sozialer Indikatoren

b) Sozialberichte und

c) standardisierte replikative Surveys.

Zu a) Soziale Indikatoren sind Systeme zur Messung von Lebensqualität, damit Programme zur Verbesserung gesamtgesellschaftlicher Information. Seit Beginn der "Sozialindikatorenbewegung" etwa 1960 (ein kurzer Überblick über ihre Entwicklung findet sich bei

Z a p f 1977b, Seite 231 ff) haben sich drei Ansätze herausge-
bildet:

*aa) Wohlfahrtsmessung als "Kritik des eindimensionalen Ökonomismus"
und der "Fixierung auf Bruttosozialprodukt und Wachstumsraten"
(Z a p f 1977b, Seite 235); durch mehrdimensionale Analysen
sollen neben den externen Folgen des Wirtschaftsprozesses
selbst auch die Wohlfahrtserträge in außerwirtschaftlichen
Bereichen gemessen und an den gesetzten Zielen überprüft
werden.*

*ab) Dauerbeobachtung sozialen Wandels als Kritik der Wohlfahrts-
messung: Dieser Ansatz geht davon aus, "daß die Gesellschaft
weder auf einen unbestrittenen Satz von Wohlfahrtszielen ausgerichtet ist noch auf absehbare Zeit in theoretischen Modellen in ihren Funktionen simuliert werden kann. Er begreift
die Gesellschaft als ein komplexes Geflecht von Strukturen
und Prozessen, von Konsequenzen und Konflikten, über die wir
zunächst grundlegende Informationen brauchen, bevor wir an
Wohlfahrtssteigerung und politische Steuerung denken können
... Die Aufgabe beruht zunächst in der kontinuierlichen Analyse des sozialen Wandels ..." (Z a p f 1977b, Seite 236).*

*ac) Prognose und Steuerung, mit dem vorrangigen Ziel der Entwick-
lung theoretischer Modelle zur Erklärung von Wohlfahrtsent-
wicklungen und sozialer Prozesse überhaupt.*

Zu b) Sozialberichte sind "zusammenfassende Bewertungen der Struktur
und Performanz wichtiger Lebensbereiche". Sie sollen "die wichtigsten Probleme der einzelnen Lebensbereiche ausfindig machen
und Fortschritte bzw. Rückschritte bei der Bewältigung dieser
Probleme aufzeigen. Ein anderer Ansatz geht von nationalen Zielsetzungen aus und zeigt, inwieweit diese Ziele erreicht worden
sind" (Z a p f 1977b, S. 222). Die wohl bekanntesten deutschen
Sozialberichte sind der "Bericht zur Lage der Nation", der "Fa-
milienbericht" oder die "Übersicht über die soziale Sicherheit".
Aus dem engeren Bereich der akademischen emprischen Sozialfor-

schung sind zu nennen der "Soziologische Almanach" von
B a l l e r s t e d t und G l a t z e r (1979), insbesondere
aber der von Z a p f herausgegebene Band über "Lebensbedingun-
gen in der Bundesrepublik" (Z a p f , Hrsg., 1978) und, neuesten
Datums, der Band über "Lebensqualität in der Bundesrepublik"
(G l a t z e r und Z a p f, Hrsg., 1984).

Zu c) Standardisierte replikative Surveys schließlich sind für die Ge-
samtbevölkerung repräsentative Umfragen, die in regelmäßigen Ab-
ständen mit ganz oder teilweise identischem Fragenprogramm durchgeführt werden, um in sich selbst oder durch Replikation älterer
Studien oder Teilen davon Zeitreihen für sozialwissenschaftliche
Daten zu erstellen. Auf der Basis solcher Zeitreihen ist die Analyse sozialen Wandels möglich.

Das gemeinsame Programm all dieser (und der nicht genannten) Ansätze
ist Sozialberichterstattung, als Instrument einer aktiven Gesellschaftspolitik und einer gesellschaftlichen Dauerbeobachtung.

Sozialberichterstattung als praktische Umsetzung eines Modells gesellschaftlicher Dauerbeobachtung mit dem Ziel einer rationalen demokratischen Politik auf der Basis möglichst umfassender und zwischen den Ebenen politischer Handlungen und Akteure fließender und transparenter Information setzt, darauf wurde eben hingewiesen, eine systematische und
kontinuierliche Art und Weise der Informationsgewinnung und -verarbei-
tung voraus. Als eine solche verstetigte Form der Informationsgewinnung
wurden replikative Surveys bezeichnet, welche in der Bundesrepublik mit
der Allgemeinen Bevölkerungsumfrage der Sozialwissenschaften sozusagen
ihren Prototyp für gesellschaftlich ausgerichtete Fragestellungen gefunden haben.

Wenn wir uns nun einigen Aspekten der Durchführung und Auswertung replikativer Surveys zuwenden, tun wir dies, indem wir uns zunächst kurz mit
der gängigen methodischen Kritik an Querschnittserhebungen befassen
(jeder replikative Survey ist zunächst einmal eine Querschnittsbefra-
gung!) und mit den Antworten, die diese Kritik (speziell auch durch

den ALLBUS) entgegengesetzt werden kann. Danach wollen wir uns der Problematik von Replikationen zuwenden. Schließlich wollen wir fragen, wie mit Ergebnissen replikativer Surveys sozialer Wandel meßbar wird. Dabei werden wir uns mit Zeitreihen- und speziell mit Kohorten- und Panelanalysen als Strategien zur Messung sozialen Wandels beschäftigen; dies allerdings nicht in der Form, daß wir die spezifische Problematik und die mathematisch-methodischen Grundlagen dieser Analyseverfahren explizieren. Uns interessiert vielmehr die Verbindung und Beziehung des ALLBUS als replikativem Survey zu den genannten Verfahren und der daraus abzuleitende Stellenwert dieses Forschungsprogramms für die Analyse sozialen Wandels.

2.1 Methodische Kritik an Querschnittsuntersuchungen

Die methodische Kritik an Querschnittsuntersuchungen ist zu vielfältiger Natur, als daß wir hier alle bekannten Aspekte behandeln könnten; sie reicht von rein "technischen" Argumenten wie mangelnder Repräsentativität der Stichprobe über quasi-ethische Kritik ("Ausbeutung" der Befragten, die nach Reflektion ihrer eigenen Lebenssituation durch das Interview mit eben dieser Lebenssituation wieder alleine gelassen werden), über Kritik der Instrumente bis hin zur Kritik an Auswertungszusammenhängen als oberflächlich und konstruiert.

Wir wollen uns hier nur mit vier gängigen Kritikpunkten auseinandersetzen, die M a y e r (1980, Seite 5 f) angeführt und bereits zurückweisend diskutiert hat:

a) Die Umfrageforschung "gaukle eine Phantomgesellschaft atomisierter Individuen vor, abstrahiert aus ihren Sozialbeziehungen in Familie und Haushalt, Gemeinde und Betrieb". Diese Kritik bezieht sich sowohl auf die Zusammenfassung von Personen "nach individuell und isoliert zuordenbaren Merkmalen zu Gruppen ..., die man als homogen betrachtet", ohne dies tatsächlich zu sein, wie auch auf Erklärungsversuche sozialer Tatbestände unter Rückgriff auf "individuelle Motivation und individuell zuordenbare Merkmale" (K a r m a s i n und K a r m a s i n 1977, Seite 67).

Dieser Kritikpunkt ist im Prinzip sicher nicht unrichtig und sollte sehr ernst genommen werden; allerdings führen neuere Entwicklungen in der Umfrageforschung wohl dazu, daß diese Kritik differenzierter angelegt und relativiert werden muß: Sowohl bei der Datenerhebung als auch bei der Analyse der Daten wird der sozialen Verortung der befragten Individuen zunehmend breiter Raum gelassen. Bei der Datenerhebung werden mehr und mehr Daten erfaßt, die nicht auf den Befragten, sondern auf seine Familie, die Angehörigen seines Haushaltes, seine Eltern, aber auch seine aktuellen sozialen Primärbeziehungen (Freunde, Bekannte; "Netzwerke") abzielen. Im ALLBUS 1980 sind z.B. neben Fragen zur Struktur des Haushaltes, in dem der Befragte lebt, Fragen zu seinem Ehepartner und zu seinem Vater enthalten, ebenso Fragen zu den drei besten Freunden bzw. den drei Personen, mit denen der Befragte am häufigsten Kontakt hat. Bei der Datenanalyse werden auch zur Analyse von Umfragedaten zunehmend häufiger Verfahren der Mehrebenenanalyse angewandt, mit deren Hilfe Gruppen- und Regionaleffekte von Individualeffekten getrennt werden und gesamtgesellschaftliche Tatbestände untersucht werden können (vgl. dazu K a r m a s i n und K a r m a s i n 1977, Seite 6 ff): "Ganz wie in der amtlichen Statistik wurde die Befragungsperson zur Zähleinheit, aber nicht zur Einheit und Ebene der Analyse" (M a y e r 1980, Seite 6).

b) Die Einstellungsforschung selbst und die Verwendung psychologischer Skalierungsverfahren in der Soziologie wurden hinsichtlich ihrer Zuverlässigkeit und Angemessenheit angezweifelt. Umfragen sollten deshalb mehr Informationen über Verhaltensvariablen erfassen.

Dieses Argument hat sicherlich eine gewisse Berechtigung. Die Qualität von Instrumenten für Einstellungs- und Wertorientierungsdaten in der soziologischen Umfrageforschung ist sehr selten Gegenstand der Reflektion durch die Anwender; dies gilt, trotz bereits realisierter und vor allem noch geplanter Forschungsarbeiten im Rahmen mit dem ALLBUS verbundener methodischer Grundlagenforschung, zunächst einmal auch für dieses Forschungsprogramm.

Auf alle Fälle aber entspricht der ALLBUS mit seiner extensiven Erhe-

bung demographischer Variablen (die häufig selbst wieder als _zu_ umfassend kritisiert worden ist) in starkem Maße der Forderung nach vermehr-
ter Erfassung "objektiver" Daten, zwar nicht unbedingt auf der Ebene von
Verhaltensvariablen, aber doch auf der Ebene von Daten zur Biographie,
zu Status, Betroffenheit und Versorgung.

c) Umfrageforschung liefere, so beschreibt M a y e r (1980, Seite 6)
   einen weiteren Kritikpunkt, "disparate Forschungsergebnisse, die
   u.a. wegen der Unvergleichbarkeit der Meßinstrumente schwer integrier-
   bar" sind.

Diesem Argument kann der zunehmende Einsatz replikativer Surveys (mit
all seinen Problemen) entgegengehalten werden, wo zumindest im Bereich
singulärer Forschungsprogramme eine Homogenität und Kontinuität der
Meßinstrumente angestrebt und realisiert wird. Homogenität der Meßinstrumente soll heißen, daß innerhalb einer Umfrage möglichst gleichar-
tige Skalen und Itembatterien verwendet werden, Kontinuität soll heißen,
daß diese Instrumente regelmäßig repliziert werden (zur Problematik von
Replikationen s. den folgenden Abschnitt 2.2).

d) Die Generalisierbarkeit von Ergebnissen, die durch Befragung spezifischer Teilpopulationen ermittelt wurden, wurde in Frage gestellt.

Diesem Problem wird durch repräsentative Bevölkerungsumfragen entgegen-
gewirkt, besonders dann, wenn, wie beim ALLBUS, unüblich große Stichproben (ca. 3000 Befragte) gezogen werden und die einzelnen Umfragen darüber hinaus aufgrund ihres replikativen Charakters kumulierbar sind.

Mit den Antworten, die das Forschungsprogramm ALLBUS auf die Kritik an
der Umfrageforschung geben kann, können die Einwände ihrer Kritiker
sicherlich nicht sofort und uneingeschränkt ausgelöscht werden, doch
sollte man gerade die Idee und Realisierung des ALLBUS zum Anlaß für
eine Reflektion der Kritik an der Umfrageforschung nehmen.

2.2 <u>Zur Problematik von Replikationen</u>

Die für das Programm des ALLBUS vorbildliche Forschungsstrategie ist
1969 von Otis D. D u n c a n in seiner Schrift 'Toward Social Reporting: Next Steps' entwickelt worden.

D u n c a n diskutiert darin sechs Strategien für die damals aufkom-
mende Welle der Sozialindikatorenforschung und Sozialberichterstattung,
u.a. ein System von Sozialkonten, hochaggregierte normative Indikatoren und Sozialbilanzen. Im Ergebnis plädiert D u n c a n für die
Gleichsetzung der Sozialberichterstattung mit der Messung sozialen Wandels und schlägt als fruchtbarstes und chancenreichstes Verfahren die
Replikation der Erhebung von Daten vor, die bereits in der Form aufbe-
reiteter Mikrodaten vorliegen und zugänglich sind, nämlich Umfragen.
Unter den verschiedenen Möglichkeiten der Umfragereplikation diskutiert
er zum einen die Replikation von 'base-line studies', also die gesamte
Wiederholung länger zurückliegender Erhebungen, und eine Vorgehensweise,
die mit 'omnibus replication' bezeichnet wird:

"It may often happen that only particular parts of a compendious base-
line study are really relevant to the change measurement one wants
to make. If it can be assumed that deletion of irrelevant parts will
not result in a contextual distortion of findings for the remainder,
then replication of the entire baseline study is not essential ... .
One reason for selective replication may be that it allows several
base-line studies (...) to be replicated in a single investigation.
This assumes, of course, sufficient comparability across the base-
line studies in regard to populations and control variables that one
can in fact replicate several of them at once. In an omnibus repli-
cation, the investigator will be able to 'repair' certain defects of
comparability by securing alternative measurements of the same vari-
able, coding the new data in alternative ways, tabulating for alter-
native populations and so on. How far this principle may be carried
is impossible to say in advance, but clearly omnibus replication,
where feasible, would effect considerable economies" (D u n c a n
1969, Seite 28).

Die Diskussion um die Realisierbarkeit und Sinnhaftigkeit der Replikation von Repräsentativerhebungen oder von Teilen davon hat vor einiger
Zeit eine ganz bemerkenswerte empirische Bereicherung erfahren: Im Mai
1981 veröffentlichte das Institut für Demoskopie (IfD) Allensbach unter
dem Titel "Eine Generation später. Bundesrepublik Deutschland 1953 -
1979. Eine Allensbacher Langzeitstudie" eine vollständige Replikation
einer Repräsentativumfrage, welche das gleiche Institut im Jahre 1953
in Zusammenarbeit mit DIVO (Frankfurt am Main) im Auftrage der UNESCO
durchgeführt und deren Ergebnisse Erich R e i g r o t z k i 1956 veröffentlicht hatte.

Die Bedeutung dieser Arbeit kann sowohl unter inhaltlichen wie auch
unter methodischen Gesichtspunkten nicht hoch genug eingeschätzt werden, doch darf die zentrale Schwäche des Verfahrens nicht übersehen
werden, auf die von den Autoren der Studie auch explizit hingewiesen
wird.

Unbedingt berücksichtigt werden muß nämlich, daß diese "Langzeitstudie",
im Gegensatz zu Trendanalysen, auf zwei Erhebungszeitpunkten aufbaut
(1953, 1979), die mehr als ein Viertel Jahrhundert auseinanderliegen.
"Sehr viel bewußter als bei Trendanalysen", warnen demzufolge auch die
Herausgeber der IfD-Studie, müsse man "bei einer Langzeituntersuchung
mit der Möglichkeit rechnen, daß wichtige Bewegungen, die sich zwischen
Anfangs- und Endpunkt unserer Beobachtung zugetragen haben, verborgen
bleiben" (IfD 1981, Seite 4). Und an anderer Stelle (Seite 6): "Bei
einem derartigen Langzeitvergleich, wie ihn die Wiederholung der Studie von 1953 ermöglicht, bleibt manche Umwälzung verborgen."

*Wir haben an anderer Stelle ebenfalls das Problem der Erhebungszeit-
punkte und der Zeiträume zwischen den Erhebungen thematisiert (P o r s t
1980, Seite 2/3) und gefragt, ob es überhaupt sinnvoll sei, die Daten
des ALLBUS 1980 "mit Daten zu vergleichen, die etwa 1953 (R e i -
g r o t z k i) oder 1959 (A l m o n d / V e r b a) erhoben worden
waren und zugleich die einzige Vergleichszahl darstellen". Denn, so
unser Fazit, "zum einen sagt ein solcher Vergleich nichts aus über die
Entwicklung, die hinsichtlich der betreffenden Variablen zwischen den*

beiden Erhebungszeitpunkten stattgefunden hat, zum andern ist nicht immer eindeutig, ob sich nicht der assoziative bzw. semantische Gehalt bestimmter Begriffe der Fragestellung verändert hat und eine direkte Vergleichbarkeit somit gar nicht mehr gewährleistet ist".

Dennoch geben sich die Autoren der IfD-Studie optimistisch hinsichtlich der Möglichkeit, mit solchen Langzeit-Studien "Wandel, der sich während der Zeitspanne einer Generation zugetragen hat, anschaubar" zu machen (IfD 1981, Vorwort), allerdings doch mit der Einschränkung, man müsse zweckmäßigerweise weitere Daten heranziehen, um "Wandel und Stabilität zu beschreiben" (Seite 6).

Damit wird zwar dem Problem der Distanzen zwischen den Erhebungszeitpunkten Rechnung getragen, nicht aber der Frage nach unterschiedlichen Geschwindigkeiten, mit denen Wandel vonstatten gehen kann. Wir sind aber der Ansicht, daß die Distanzen zwischen den Erhebungszeitpunkten dann zum Problem werden, wenn sie dem teilweise rasch, teilweise langsam vor sich gehenden Wandel von Einstellungen nicht angemessen sind. Das Verhältnis von Geschwindigkeit des Einstellungswandels und Distanz zwischen Erhebungen läßt sich schematisch folgendermaßen darstellen (P o r s t 1980, Seite 3):

| | | Zeiträume zwischen Erhebungen | |
		kurz	lang
Einstellungswandel	*rasch*	*1*	*2*
	langsam	*3*	*4*

Als dem Wandel von Einstellungen angemessen erscheinen nur die Fälle 1 und 4, während rascher Wandel durch zeitlich weit auseinanderliegende Erhebungen, Fall 2, ebenso wenig gefaßt werden kann wie langsamer Wandel durch kurz aufeinanderfolgende Erhebungen, Fall 3 (es sei denn, die Zeitreihe dieser Erhebungen deckte insgesamt auch eine weite Zeitspanne ab).

Unserer Ansicht nach wird die Langzeitstudie des IfD, ohne die Verwen-

dung zusätzlicher Daten, nur Fall 4 des Schemas gerecht, während ra-
scher Wandel nur durch Hinzunahme solcher zusätzlicher Daten abbildbar
ist.

Im übrigen setzt die gerade beschriebene Differenzierung Wissen oder
Hypothesen darüber voraus, in welchen Bereichen und zu welchen inhalt-
lichen Gegenständen rascher oder langsamer Wandel zu erwarten ist.

Die Norm exakter Replikation, die sich aus der Forderung nach Fragenkontinuität und Zeitreihenfähigkeit ableiten läßt, soll gewährleisten,
daß gemessene Unterschiede über die Zeit tatsächlich Wandel abbilden,
und sie soll verhindern, daß beobachteter "Wandel" nicht vielmehr durch
methodische Artefakte und Ungenauigkeiten zustandegekommen ist. Die
Norm exakter Replikation schließt idealerweise ein die Forderung nach
vergleichbaren Populationen, im Ergebnis gleichen Stichprobenverfahren,
identischen Frageformulierungen, identischer Graphik und Technik des
Erhebungsbogens sowie vergleichbaren Interviewer-Anleitungen und vergleichbaren Interviewern.

Die Erfüllung der Replikationsnorm wird durch eine Reihe von Problemen
erschwert, von denen einige hier kurz angedeutet werden (vgl. auch
M a y e r 1984). Zunächst einmal fehlen in ausreichendem Maße Studien,
die als Vorbilder für Replikationen herangezogen werden können. Abgesehen von den typischen Wahlstudien-Fragen gibt es kaum repräsentative sozialwissenschaftliche Daten, für die Zeitreihen vorliegen, welche
diesen Namen auch verdient hätten (s. dazu P o r s t 1980).

Neben diesem eher klassischen Replikationsproblem finden sich eine Reihe weiterer Probleme, die erst bei der Umsetzung älterer Fragen in ein
neues Frageninstrument deutlich werden: Viele der älteren Fragen entsprechen nicht mehr dem neuesten Stand und den neuesten Regeln der Fragebogenkonstruktion. Hier wird der Konflikt zwischen exakter Replikation und Qualität des Erhebungsinstruments besonders offensichtlich:
Folgt man der Regel strenger Replikation, so schreibt man oft veralte-
te Vorgehensweisen, Fehler und Ungenauigkeit fort; modifiziert man nach
gängigen technischen Standards, verletzt man die Forderung nach exak-

ter Replikation.

Wenig beachtet wird auch, daß das Kriterium der exakten Replikation strenggenommen Interviewer-Anweisungen im Fragebogentext und in der Interviewer-Anleitung sowie die graphische Darstellung im Fragebogen mit einschließt. Dies alles zu berücksichtigen ist praktisch unmöglich, da in älteren Untersuchungen, sofern man die Fragebogen dazu überhaupt noch auffinden kann, gemessen an modernen Standards oft nachlässig gearbeitet worden ist. Graphische Replikation ist ebenfalls praktisch unmöglich, da die Erhebungsinstitute mit fixen Formaten arbeiten.

Ein letztes wichtiges Replikationsproblem bezieht sich auf die Einzelfragen im Kontext des gesamten Erhebungsinstruments. Es ist hier nicht nur auf das offensichtliche Problem der Fragensukzession hinzuweisen und darauf, daß Einleitungs- und Überleitungsformulierungen alter Fragebogen oft nicht übernommen werden können, sondern vor allem auf das schwierige Problem der Skalierung der Antworten bei Einstellungsfragen.

Behielte man aus Gründen der strengen Replikation die Skalierungen aller alten Fragen bei, so hätte man ein wahres Sammelsurium von Skalen, "rankings", "pickings" und "ratings", von unterschiedlichen Dimensionalisierungen und Verbalisierungen der Skalenstufen etc. Damit wäre u.a. auch ein großer Aufwand an Skalenerklärungen für Interviewer und Befragte verbunden. Auf der anderen Seite führt die Anpassung unterschiedlicher Skalierungen an einen bestimmten Standard zu Problemen beim Vergleich mit Ergebnissen aus älteren Studien (s. dazu P o r s t 1980, S. 4ff).

2.3 Verfahren zur Analyse sozialen Wandels mit Umfragedaten: Zeitreihen- und Kohortenanalysen

Als Zeitreihenanalysen bezeichnet man eine Reihe von Verfahren zur Auswertung von Daten, die in identischer Operationalisierung zu verschiedenen Zeitpunkten erhoben worden sind, wie etwa Umfragedaten aus replikativen Surveys; eine soziologisch interessante Variante solcher Verfahren stellt die Kohortenanalyse dar. Zeitreihenanalysen im allgemei-

nen wie auch Kohortenanalysen im besonderen werden in der empirischen
Soziologie als Mittel zur Messung und Beschreibung sozialen Wandels ein-
gesetzt und gelten als Voraussetzung seiner Erklärung und Prognose .
Ohne auf die mathematisch-statistischen Grundlagen der Verfahren näher
eingehen zu können, wollen wir kurz die Grundidee von Zeitreihen- und
Kohortenanalysen besprechen.

Der Entwicklung und Anwendung von Verfahren zur Analyse von Zeitreihen
in der Sozialforschung liegt die sich rasch verbreitende Vorstellung
zugrunde, daß empirische Aussagen über soziale Einheiten und Tatbestände als quasi Momentaufnahmen zu einem bestimmten Zeitpunkt wenig oder
gar nicht aussagekräftig sind zur Beobachtung und Beschreibung, schon
gar nicht zur Erklärung des an sich dynamisch verlaufenden sozialen
Geschehens; speziell die verstärkte Zuwendung zu Fragen nach sozialem
Wandel und nach Modernisierung entwickelter Gesellschaften erfordern
Verfahren einer kontinuierlichen Beobachtung und Analyse sozialer Phänomene.

Als eine Antwort auf die veränderten Ansprüche der empirischen Sozialforschung können auf der Seite der Datenerhebung replikative Surveys
gelten, auf der Seite der Auswertung Zeitreihenanalysen. Wenn "Zeitreihen" die Sammlung von Daten zu bestimmten Variablen über eine Reihe
aufeinanderfolgender Zeitpunkte heißen soll, dann kann Zeitreihenanalyse in der einfachsten Form die Antwort auf die Frage sein, wie sich
die quantitativen Werte dieser Variablen über den beobachteten Zeitraum
hinweg verändern (oder auch, ob sie konstant bleiben). Da aber nicht
alleine die Veränderung (oder die Stabilität) selbst festgestellt, sondern auch die Ursachen dafür bestimmt werden müssen, besteht die Aufgabe der Zeitreihenanalyse darin, die Veränderung/Konstanz von Variablen
und der sie beeinflussenden Faktoren zu beschreiben und in ihrer Wirkung zu erklären:

*"In ihrer allgemeinsten Formulierung werden daher als Zeitreihenanaly-
sen alle diejenigen statistischen Verfahren bezeichnet, die zur Untersuchung jener Ursachenkomplexe angewandt werden, welche eine gegebene
Zeitreihe in der beobachteten Weise zahlenmäßig geformt haben mit dem*

Ziel, die im Zeitablauf beobachtete Variabilität der abhängigen Varia-
blen in möglichst großem Umfang, d.h. bis auf einen zufallsbedingten
Rest,durch die erklärenden Variablen des Modells und ihre Veränderun-
gen zu erklären" (D i e r k e s   1977, Seite 112).

Als zentrales Ziel der Zeitreihenanalyse - neben der Beobachtung und
Erklärung sich bereits zugetragener Ereignisse und Veränderungen -
gilt, darauf aufbauend, die Prognose zukünftiger Entwicklungen. Trotz
der großen Bedeutung, welche der Prognose sozialer Tatbestände im Rahmen der "Sozialindikatoren"-Bewegung zugemessen wird (vgl. Z a p f
1977b) und trotz einer Reihe erfolgversprechender Ansätze der Modell-
bildung zur Prognose sozialer Tatbestände im Rahmen eben dieser For-
schungskonzeption (etwa innerhalb des Sozialindikatorenprogramms der
OECD oder im Rahmen der Arbeiten des Projekts Sozialpolitisches Ent-
scheidungs- und Indikatorensystem für die Bundesrepublik Deutschland
- SPES; vgl. zu ersterem z.B. B r ü n g g e r 1976, zum zweiten etwa
K r u p p und B r e n n e c k e 1976) muß das Ziel der Prognose-
fähigkeit innerhalb der Sozialwissenschaften vor allem aus methodischen
Gründen nach wie vor als von einer Realisierung weit entfernt bezeichnet werden. Die bisher bekannten und möglichen Verfahren und Modelle
sind zwar zumeist recht aufwendig und umfangreich konstruiert, der
Komplexität des sozialen Geschehens aber dennoch in keiner Weise angemessen. Von daher wird die Zeitreihenanalyse im wesentlichen zur Beschreibung und Erklärung bereits abgelaufener oder gegenwärtig ablau-
fender Prozesse eingesetzt.

Die Analyse von Zeitreihen setzt idealerweise voraus, daß die zu analy-
sierenden Daten systematisch zu eben diesem Zwecke erhoben worden sind,
d.h. aus bewußt und gezielt als Zeitreihenstudien angelegten Erhebungen
stammen. Solche systematischen Datensammlungen liegen in den Sozialwissenschaften, zumindest für den Bereich repräsentativer Umfragen, im
Prinzip nicht vor, wenn man einmal absieht von den Wahlstudien und den
typischen Wahlstudien-Fragen.

Eine Sonderform der Zeitreihenanalyse stellt die <u>Kohortenanalyse</u> dar.
Als "Kohorte" bezeichnet man im Sinne von R y d e r (1968, Seite 546)

ein "aggregate of individual elements, each of which experienced a significant event in its life history during the same chronological interval".

Diese Definition erinnert an das Konzept der "Generationen" von Karl M a n n h e i m (1964), mit dem der Kohortenbegriff auch eng verbunden ist.

M a n n h e i m unterscheidet bekanntlich innerhalb seines Generationenbegriffs drei Dimensionen:

a) <u>Generationslagerung</u> Zugehörigkeit zueinander verwandter Geburtsjahrgänge; *"Die Generationslagerung ist fundiert durch das Vorhandensein des biologischen Rhythmus im menschlichen Dasein: durch die Fakta des Lebens und des Todes, durch das Faktum der begrenzten Lebensdauer und durch das Faktum des Alterns. Durch die Zugehörigkeit zu einer Generation, zu ein und demselben 'Geburtsjahrgange' ist man im historischen Strom verwandt gelagert"* (M a n n h e i m 1964, Seite 527).

   Das soziologisch Bedeutsame der Generationslagerung ist allerdings nicht die reine Gleichzeitigkeit, sondern die ihr "inhärierende Tendenz", also etwa die Chance einer generationsspezifischen Art sozialer Wirksamwerdung (ebenda, Seite 528ff).

b) <u>Generationszusammenhang</u>: *Der Generationszusammenhang wird begründet durch die Aktivierung sozialkultureller Lagerungspotentiale als Sozialisationsfaktoren, d.h. ein Generationszusammenhang liegt dann vor, "wenn reale soziale und geistige Gehalte gerade in jenem Gebiete des Aufgelockerten und werdenden Neuen eine reale Verbindung zwischen den in derselben Generationslagerung befindlichen Individuen stiftet "* (M a n n h e i m 1964, Seite 543).

   Während also die Generationslagerung nur Chancen bietet, müssen hier tatsächlich Einflüsse existieren, die "generationsverbindend" wirken.

c) Generationseinheit. Generationseinheiten sind jeweils Teile von Ge-
nerationszusammenhängen, aber durch "viel konkretere Verbundenheit"
gekennzeichnet: "diejenigen Gruppen, die innerhalb des selben Generationszusammenhanges in jeweils verschiedener Weise diese (gleichen;
R.P.) Erlebnisse verarbeiten, bilden jeweils verschiedene 'Generationseinheiten' im Rahmen desselben Generationszusammenhanges"
(M a n n h e i m 1964, Seite 543).

"Kohorte" im Sinne R y d e r s kommt dabei dem M a n n h e i m schen
Terminus der "Generationslagerung" am nähesten, geht aber zugleich insofern darüber hinaus, als sich M a n n h e i m explizit auf die Zugehörigkeit von Personen zu bestimmten Geburtsjahrgängen stützt, während R y d e r die "Geburtskohorte" nur als einen Spezialfall des
allgemeinen Kohortenbegriffes versteht: Jedes spezifische Ereignis des
Lebenslaufes, welches Personen zum gleichen Zeitpunkt bzw. innerhalb
des gleichen Zeitraumes erleben, kann diese Personen als Kohorte definieren: Heiratskohorten sind dann z.B. Gruppen von Personen, die etwa
1951 - 1955 geheiratet haben, 1956 - 1960, 1961 - 1965 usw. Entsprechend
kann man auch Scheidungskohorten, Pensionierungskohorten usw. definieren.

(Geburts-)Kohorten, oder wie er sagt, Generationen, nicht die Gesamt-
bevölkerung, sind nach Ansicht von M a n n h e i m die Träger und
Wegbereiter sozialen Wandels, weil sie aus je eigener, neuer Grundpo-
sition in die Gesellschaft eintreten, oder wie M a n n h e i m sagt,
"einen 'neuen Zugang' zum akkumulierten Kulturgut haben" (M a n n -
h e i m 1964, Seite 530); zugleich dient der stetige "Abgang der früheren Kulturträger", das "Absterben früherer Generationen ... im sozialen Geschehen dem nötigen Vergessen" (ebenda, Seite 532).

Belassen wir es bei diesem Rückgriff auf Karl M a n n h e i m; er
sollte nur dazu dienen, den Kohortenbegriff herzuleiten und die Bedeutung von Kohorten für sozialen Wandel zu betonen. Wenden wir uns im
Überblick den Grundlagen der Kohortenanalyse zu.

Wenn man Gesellschaft versteht als ein Zusammenspielen der unterschied-

lichsten Kohorten (Geburtskohorten, Heiratskohorten, etc.), und wenn
man Kohorten als Träger sozialen Wandels bezeichnet hat, dann ist Kohortenanalyse in der Soziologie ganz allgemein gesagt ein methodischer
Ansatz zur Untersuchung von Verhaltens- und Einstellungsmustern in Kohorten mit dem Ziel, sozialen Wandel zu beschreiben und zu erklären.
Kohortenanalyse ist ein vergleichendes Verfahren, und je nach der inhaltlichen Fragestellung bieten sich drei Ansatzpunkte und Vergleichsstrategien an (die am Beispiel von Geburtskohorten näher dargestellt
werden):

1. *Intra-Kohorten-Vergleich*: *Vergleich von Einstellungen und Verhalten
   der Mitglieder einer Geburtskohorte* *über die Zeit*. *Eine Stichprobe
   aus der Kohorte der 1930 Geborenen wird z.B. 1960 und 1970 befragt,
   um zu erfahren, ob ihre politische Grundorientierung sich mit dem
   Altern der Kohorte stärker in Richtung Konservatismus entwickelt
   hat.*

2. *Inter-Kohorten-Vergleich I*: *Vergleich von Einstellungen und Verhalten
   der Mitglieder unterschiedlicher Kohorten* *im gleichen Alter*. *Man vergleicht dabei z.B. die Dreißigjährigen aus 1960 (also die 1930 Gebore
   nen) mit den Dreißigjährigen aus 1970 (also die 1940 Geborenen), um
   zu sehen, ob die letzteren politisch liberaler orientiert sind als
   erstere.*

3. *Inter-Kohorten-Vergleich II*: *Vergleich von Einstellungen und Verhalten der Mitglieder unterschiedlicher Kohorten zu einem* *bestimmten, gleichen Zeitpunkt*. *Man vergleicht im Rahmen* *einer* *Untersuchung
   die Dreißig- mit den Vierzigjährigen, um zu sehen, welche der beiden Geburtskohorten im Jahre 1970 liberaler eingestellt ist (dieser
   Vergleich entspricht der traditionellen Querschnittsanalyse unterschiedlicher Altersgruppen).*

Nach B u c h h o f e r und L u e d t k e (1970, Seite 328) kann
man diese drei Vergleichsstrategien schematisch folgendermaßen darstellen:

Übersicht 1: <u>Intra- und Interkohortenvergleiche</u>
(in Anlehnung an B u c h h o f e r und L u e d t k e
1970)

Typ	Erhebungszeitpunkt	Jahrgang	Alter
Intra-Kohorten-Vergleich	variabel (1960, 1970)	konstant (1930)	variabel (30, 40)
Inter-Kohorten-Vergleich I	variabel (1960, 1970)	variabel (1930, 1940)	konstant (30)
Inter-Kohorten-Vergleich II	konstant (1970)	variabel (1930, 1940)	variabel (30, 40)

Ein zentrales Problem der Kohortenanalyse ergibt sich daraus, daß das
Verhalten und die Einstellungen von Personen als Mitgliedern von Kohorten beeinflußt sein können durch drei Arten von Effekten: Alters-,
Kohorten- und Perioden-Effekten. Was bedeutet diese Differenzierung
von Effekten?

Verwenden wir ein fiktives, aber durchaus plausibles Beispiel: In einer
Umfrage konnte aufgezeigt werden, daß die 20-30Jährigen sich hinsichtlich des Rechts auf Schwangerschaftsabbruch wesentlich liberaler äußern
als die 50-60Jährigen. Wie ist das Ergebnis zu interpretieren? Von der
gängigen These ausgehend, daß ältere Menschen konservativer seien als
jüngere, könnte man schlicht das unterschiedliche Lebensalter als Ur-
sache für die Einstellungsdifferenzen interpretieren, also einen Alters-
effekt unterstellen. Auf der anderen Seite könnte man die Differenzen
in den Einstellungen dadurch erklären, daß die heute 50-60Jährigen
weitaus "puritanischer" erzogen worden sind als die 20-30Jährigen, und
daß diese unterschiedlichen Erziehungserfahrungen und -erlebnisse die
Einstellungen verschieden geprägt haben; hier wäre also ein Kohorten-
effekt unterstellt. Hätte man schließlich eine Vergleichsstudie aus
dem Jahre 1950 zur Verfügung, und würde man feststellen, daß alle Kohorten 1980 liberaler waren als die Vergleichskohorten aus der Studie
von 1950, würde man wohl geneigt sein, einen Einfluß des "Zeitgeistes"

zu unterstellen, also vermuten, daß die Befragteneinstellungen von der
allgemeinen aktuellen Meinung zu dem Problem beeinflußt wären. Dies
würde bedeuten, daß ein Periodeneffekt zu unterstellen wäre. Diese Effekte zu isolieren und ihren singulären, aber auch ihren gemeinsam wirk-
samen Einfluß auf individuelle Einstellungen als Grundlage für sozialen
Wandel zu identifizieren und zu interpretieren ist, grob gesagt, Zielsetzung der Kohortenanalyse.

Kohortenanalyse setzt, wie jede Zeitreihenanalyse, die Existenz kontinuierlich erhobener Daten zu bestimmten Variablen voraus; optimale Voraussetzungen liegen dann vor, wenn die Daten speziell zum Zweck der Kohortenanalyse erhoben worden sind. Geeignet sind aber auch prinzipiell
Daten aus Bevölkerungsumfragen, sofern diese als replikative Surveys
kontinuierlich durchgeführt werden. Solche Daten erfordern dann allerdings Entscheidungen, welche der Personen der repräsentativen Stichprobe
unter welchen Bedingungen im nachhinein als Kohorten definiert und zur
Analyse verwandt werden.

Wichtig ist, daß man je nach Fragestellung geeignete Kohorten definiert;
diese Notwendigkeit theoretisch angemessener Kohortendefinition setzt
ein hohes Maß an Wissen über historische Situationen und Entwicklungen
voraus, wenn man sich nicht alleine auf kategoriale Zusammenfassungen
von Personen beschränken will.

Will man also Kohortenanalysen durchführen, ohne spezielle Kohortendaten
erheben zu können, kann man dazu kontinuierlich ermittelte Daten aus
Querschnittserhebungen verwenden. Solche Daten sollten dann möglichst
in gleichen Erhebungsabständen gewonnen werden.

Kohortenanalyse, dies zum Schluß, ist kein einfaches Auswertungsver-
fahren; problematisch ist insbesondere die fehlende oder noch sehr un-
zulängliche Möglichkeit, Einflüsse auf Einstellungen etc. jeweils als
Kohorten-, Perioden (Zeit)- oder Alterseffekte zu interpretieren,
wenngleich es zu diesem methodischen Problem seit längerem bereits
eine Reihe von Lösungsvorschlägen gibt (etwa M a s o n et al.
1973, G l e n n 1976). Auch bedarf es, darauf wurde hingewiesen,

guter Kenntnisse über für die Fragestellung wichtige reale soziale Ereignisse, also über, wie M a n n h e i m sagt, den "historisch-sozialen Raum" als zentraler Dimension der Kohortendefinition und -analyse.

Einen sehr guten (und zugleich recht kurzen) Einstieg in die Problematik der Kohortenanalyse bietet, speziell auch unter dem Aspekt der Verwendung von Survey-Daten, sicherlich G l e n n (1977).

2.4 Panels - Ein Spezialfall

Wenden wir uns kurz noch einem Spezialfall der Zeitenreihenerhebung zu, den Panel-Studien. Bei einem Panel werden die gleichen Befragungspersonen zu mehreren aufeinanderfolgenden Zeitpunkten mit dem gleichen Fragenprogramm konfrontiert. Durch Panels wird so die Möglichkeit geschaffen, individuelle Veränderungen einzelner Befragter im Zeitablauf zu erfassen; sie sind deshalb dasjenige Datenerhebungsverfahren, das D i e r k e s (1977, Seite 127) zurecht als das "der Zielsetzung und den Ansprüchen der Zeitreihenforschung am besten" entsprechende bezeichnet (zur weiterführenden Lektüre zum Panel sei empfohlen: K e s s l e r und G r e e n b e r g 1981).

Nachteile des Panels sind vor allem die unterschiedlichen Formen der sog. "Panelsterblichkeit", also das Ausscheiden von Befragten aufgrund Tod, Krankheit, Wegzug usw. aber auch die Abnahme der Bereitschaft, sich über einen längeren Zeitraum befragen zu lassen. Mit zunehmender Panelsterblichkeit über die Zeit stellt sich dann die Frage, ob die verbleibenden Personen noch repräsentativ sind für die ursprünglich ausgewählte Stichprobe.

Ein weiterer Nachteil von Panels besteht darin, daß bestimmte Personen über die Zeit die Voraussetzung der Zugehörigkeit zur Untersuchungspopulation schlicht verlieren. In einem Panel zu Berufserwartungen von Soziologiestudenten zum Beispiel, die während des Studiums mehrere male befragt werden sollen, führt die hohe Quote der Studienabbrecher zwangsläufig zum Verlust dieser Personen als Befragungseinheiten, damit zu einer erheblichen Reduzierung der Stichprobengröße.

Schließlich, ein dritter Nachteil, kann bei den Befragten über die Zeit ein "Lerneffekt" auftreten, der das Antwortverhalten erheblich beeinflussen kann.

Trotz dieser Nachteile können Panelstudien als besonders gut geeignete Form der Datenerhebung für die Untersuchung sozialen Wandels bezeichnet werden. Sie produzieren Datenbasen, die mit kumulierten Repräsentativbefragungen nicht erreichbar sind.

Für das Konzept einer Allgemeinen Bevölkerungsumfrage scheint das Panel auf den ersten Blick nicht geeignet, gerade wegen des Repräsentativitätsanspruchs dieser Umfragen; generell sollte man jedoch die zumindest teilweise Überführung solcher kontinuierlich durchgeführter Querschnittsbefragungen in Panelstudien nicht ausschließen.

3. Umfragepraxis: Verfahren und Probleme der Realisierung eines sozialwissenschaftlichen Forschungsprogramms

Der richtige Umgang mit Umfragedaten und die angemessene Interpretation von Umfrageergebnissen setzen voraus, daß die unterschiedlichen Schritte bei der Vorbereitung und Durchführung sozialwissenschaftlicher Umfragen bekannt und die Probleme, die mit jedem dieser Schritte verbunden sind bzw. verbunden sein können, vertraut sind. Der Bedarf an derartigem Wissen wird in dem Maße anwachsen, in dem - bedingt durch zunehmende Knappheit an Forschungsgeldern und damit verbunden geringeren Chancen zur Durchführung eigener Umfragen - die Nachfrage nach Daten steigen wird, die von Dritten erhoben worden und in Form analysefähiger Datensätze über Datenarchive abrufbar sind. Gerade die Tatsache aber, daß die Anwender solcher Daten keinen Einfluß auf ihr Zustandekommen haben, müßte sie sensibilisieren für Probleme der Vorbereitung und Durchführung der Datenerhebung und ihre Kritikbereitschaft gegenüber den Daten steigern.
Kritikbereitschaft setzt Kritikfähigkeit voraus; in diesem Kontext bedeutet Kritikfähigkeit zum einen das Wissen um die Verfahren und Probleme der Datenerhebung allgemein, zum andern die Verfügung über diesbezügliche Informationen über den Verlauf der je spezifischen Projekte,

als deren Endergebnis diejenigen Datensätze vorliegen, die man gerade
sekundäranalytisch bearbeiten will. An die Erheber mit dem Ziel allgemeiner Zugänglichkeit generierter Daten - die sogenannten "Primärfor-
scher" - muß deshalb die Forderung nach höchstmöglicher Transparenz
ihres Vorgehens gestellt werden: alle Schritte des Forschungsprozesses
im Rahmen der jeweiligen Projekte müssen dokumentiert und offengelegt,
damit kritisierbar gemacht werden. Die öffentliche Darstellung des Forschungsprozesses und seiner Probleme muß selbst Teil des gesamten Pro-
jektergebnisses sein.

Die Allgemeine Bevölkerungsumfrage der Sozialwissenschaften (ALLBUS)
ist bewußt so angelegt worden, daß sie dieser Forderung nach höchstmöglicher Transparenz weitgehend gerecht wird. Teil der Offenlegungs-
strategie des Projektablaufes und seiner Probleme sind die sogenannten
"Methodenberichte", die umfassende Informationen über die Auswahl der
Fragen und die Konstruktion des Fragebogens, über das Stichprobenverfahren, den Feldverlauf und die Stichprobenausschöpfung, über Interviewer und Interview-Situation vermitteln (B r ü c k n e r u.a. 1982,
H a g s t o t z u.a. 1984).

Damit ist der ALLBUS bestens geeignet für den Versuch, die Verfahren
und Probleme bei der Vorbereitung und Durchführung standardisierter
sozialwissenschaftlicher Umfragen exemplarisch zu beschreiben und damit auf allgemeiner Ebene eine Art Leitfaden oder Handlungsanweisung
für die Durchführung solcher Forschungsvorhaben generell zu entwickeln.
Ein solcher Leitfaden, wie er in den folgenden Abschnitten dargestellt
wird, kann natürlich nicht allgemeingültig und allgemein verbindlich
sein, weil jedes empirische Forschungsprojekt je spezifische inhaltliche und methodische Anforderungen mit sich bringt. Er kann aber wichtige Schritte bei der Vorbereitung und Durchführung einer sozialwissenschaftlichen Umfrage exemplarisch abhandeln, auf Probleme verweisen,
die damit verbunden sein können und Lösungen für diese Probleme andeuten. Da er sich zur Illustration auf den ALLBUS 1980 stützt, kann der
Leitfaden selbst (aufgrund der selbst auferlegten Transparenz des
ALLBUS-Forschungsprogramms) überprüfbar und damit kritisierbar sein.

Die <u>Allgemeine Bevölkerungsumfrage der Sozialwissenschaften (ALLBUS)
1980</u>, die im folgenden unser "Fallbeispiel" sein wird, ist die erste
der mittlerweile drei durchgeführten ALLBUS-Umfragen (die beiden anderen sind 1982 und 1984 durchgeführt worden). Die Vorbereitungsphase
für den ALLBUS 1980 hatte im Januar 1979 begonnen und war mit dem Pretest im September/Oktober bzw. dem Pretestbericht im November 1979 abgeschlossen worden. Das Fragenprogramm war unter Beteiligung eines
wissenschaftlichen Beirates erstellt worden, dem führende Vertreter der
empirischen Sozialforschung in der Bundesrepublik und West-Berlin ange-
hört hatten.

Der ALLBUS 1980 enthielt neben einer Reihe demographischer Variablen,
der sog. ZUMA-Standarddemographie, Fragen nach der Wichtigkeit von Lebensbereichen, Erziehungszielen und Arbeitsorientierungen, nach Einstellungen und Kontakten zu Behörden und Gastarbeitern, nach Einstellungen
zu Ehe und Familie, nach der Wahrnehmung gesellschaftlicher Konfliktgruppen, nach politischem Interesse, Wahlabsicht, Parteienbewertung, ideolo-
gischer Orientierung, politischen Problemen und Zielen, nach der subjektiven Schichteinstufung und der Wahrnehmung sozialer Gerechtigkeit
sowie Fragen zu den drei besten Freunden.

Die Daten des ALLBUS 1980 wurden im Januar und Februar 1980 erhoben.
Die Grundgesamtheit bestand aus allen Personen mit deutscher Staatsangehörigkeit, die in der Bundesrepublik oder West-Berlin lebten und am
1. Januar 1980 das 18. Lebensjahr vollendet hatten. Aus dieser Grundgesamtheit wurde eine mehrstufige Zufallsstichprobe gezogen. Insgesamt
kamen 2.955 vollständige Interviews zustande.

Die Daten des ALLBUS 1980 wurden in Zusammenarbeit zwischen ZUMA und
dem Zentralarchiv für empirische Sozialforschung der Universität zu
Köln (ZA) aufbereitet und im ZA archiviert, wo sie seit Juni 1980 allgemein zugänglich sind.

3.1 Fragenprogramm und Datenerhebung

Daß die Durchführung einer Umfrage das Vorhandensein eines Fragenpro-
gramms voraussetzt, ist als Aussage trivial - alles andere als trivial
hingegen sind Aufwand und Bemühungen bei der Konstruktion eines solchen
Fragenprogramms, insbesondere bei einer so komplexen Studie wie dem
ALLBUS 1980, wo mehr als 50 Sozialforscher aus der Bundesrepublik und
West-Berlin zur Gestaltung des Fragenprogramms beigetragen haben. Von
daher ist es sicher interessant, nicht nur etwas über die inhaltliche
Konzeption des Fragenprogramms und die inhaltlichen und methodischen
Kriterien für die Auswahl der Fragen zu erfahren, sondern auch über
die Vorgehensweise und die Entscheidungsprozesse beim Erstellen des
Fragenprogramms.

Die Durchführung eines Pretests gilt in allen umfangreicheren empirischen Forschungsprojekten als unabdingbare Voraussetzung für die Vorbereitung der Hauptstudie. Im Pretest wird an einer kleinen Stichprobe
ein vorläufiger Fragebogen getestet, der aufgrund der Pretest-Erfahrun-
gen und der Pretest-Auswertung verbessert und zu einem praktikablen
und inhaltlich sinnvollen Fragebogen für die Hauptstudie umgearbeitet
werden soll - soll, denn oft bleibt der Pretest ohne nennenswerte Konsequenzen, weil er zwar durchgeführt, aber nicht oder nur unzulänglich
ausgewertet wird. Anders beim ALLBUS 1980, wo eine ausführliche und
aufwendige Pretest-Analyse in der Tat zu erheblichen Konsequenzen für
das Fragenprogramm der Hauptstudie führte.

Auf der Grundlage der Pretest-Auswertung wird der Fragebogen für die
Hauptstudie erstellt. Die Qualität des gesamten Forschungsvorhabens
hängt eng zusammen mit der Qualität des Fragebogens für die Hauptstudie,
so daß hier äußerste Sorgfalt geboten ist. Liegt der endgültige Fragebogen vor, kann die Durchführung der Haupterhebung beginnen, oder, wie
man auch sagt, die Studie kann "in's Feld" gehen.

Ein Leitfaden für die Durchführung sozialwissenschaftlicher Umfragen
muß sich nach dem gerade Gesagten beschäftigen mit der Vorbereitung
und der Entstehung des Fragenprogramms, mit der Durchführung des Pre-

tests, mit seiner Auswertung und seinen Konsequenzen für die Hauptstudie, mit dem Fragebogen der Hauptstudie, dem Stichprobenplan und der Feldphase.

3.1.1 Fragenprogramm

Der ALLBUS war konzipiert worden als ein Forschungsprogramm zur Erhebung und Verbreitung aktueller und repräsentativer Primärdaten für Forschung und Lehre in den Sozialwissenschaften.

Kernstück dieser Konzeption waren regelmäßig zu wiederholende Bevölkerungsumfragen mit einem Fragenprogramm, das vornehmlich drei Zielen dienen sollte:

1. *dem wissenschaftlichen Ziel der Untersuchung des sozialen Wandels;*

2. *dem für die Sozialwissenschaften wichtigen Ziel der Datengenerierung für Studenten und Forscher, die keinen unmittelbaren Zugang zu Primärdaten haben;*

3. *dem politikrelevanten Ziel der deskriptiven Sozialberichterstattung.*

Von der Konzeption und den Zielen her war der ALLBUS ohne Vorbild in der deutschen empirischen Sozialforschung. Von daher war es bei der Vorbereitung der ersten Umfrage von besonderer Wichtigkeit, dem Fragenprogramm eine inhaltlich sinnvolle Systematik zugrundezulegen. Daneben waren inhaltliche und methodische Kriterien zu bestimmen, die bei der Auswahl des Fragenprogramms zur Geltung kommen sollten. Unter Berücksichtigung der Systematik und der Kriterien für die Auswahl der Fragen wurde das Fragenprogramm für den ALLBUS 1980 zusammengestellt.

3.1.1.1 Systematik des Fragenprogramms

Unter organisatorischen und methodischen Gesichtspunkten konnte der General Social Survey des National Opinion Research Center (NORC) der University of Chicago dem ALLBUS als Vorbild dienen.

Inhaltlich mußte die Allgemeine Bevölkerungsumfrage aber an Forschungstraditionen in der Bundesrepublik anknüpfen, für die bereits Repräsen-

tativerhebungen vorlagen. Solche Forschungstraditionen bestanden etwa
im Rahmen

- der Soziologie der Arbeit, der Industrie- und Betriebssoziologie,
- der Bildungssoziologie,
- der Familiensoziologie,
- der Religionssoziologie,
- der Forschung zur sozialen Schichtung und sozialen Ungleichheit oder
- der Wahlforschung.

Zur Integration der formalen und inhaltlichen Ansprüche an das Fragenprogramm und als Orientierungshilfe zur planvollen Einordnung potentieller Fragen und Fragenkomplexe wurde eine <u>Systematik des Fragenprogramms</u>
entwickelt (die im übrigen - die Entwicklung eines Fragenprogramms ist
ein höchst dynamischer Prozeß - nicht in allen Punkten realisiert werden konnte); s. zum folgenden Schema 1 auf Seite 44/45.

In den Spalten des Schemas wurde zunächst, einem für die Umfrageforschung traditionellen Standard folgend, unterschieden zwischen "härte-
ren" <u>Hintergrundsmerkmalen</u> sowie auf objektive Betroffenheiten, Versor-
gungsniveaus und Verhaltensweisen abzielende Informationsfragen (linke
Hälfte der Systematik) einerseits und Einstellungsfragen im weitesten
Sinne (rechte Hälfte der Systematik) andererseits. Die Hintergrundsmerk-
male wurden differenziert nach dem Zeitabschnitt, den sie abdecken sollten.
Bei den "objektiven" Fragen, welche sich auf den Zeitpunkt des Interviews beziehen sollten, waren neben dem Aspekt des Positionshaushaltes
("Status") die Dimensionen "Betroffenheit", "Versorgung", "Verhalten"
und "Wissen" zu unterscheiden.

Der Einstellungskomplex wäre idealerweise in dreifacher Hinsicht zu
untergliedern gewesen, nämlich

1. *nach dem Gehalt der als Stimuli vorgegebenen bzw. als Antworten*
   angezielten Aussagen, etwa nach der Dreiteilung Wahrnehmungen,
   Normen/Standards/Werte und Bewertungen,

2. nach der Unterscheidung in Einstellungen, die unmittelbar die Situa-
   tion des Befragten betreffen ("subjektive Indikatoren") und Einstel-
   lungen, die sich auf die organisatorische und institutionelle gesell-
   schaftliche Ebene beziehen ("gesellschaftliche Wertorientierungen")
   und

3. nach der zeitlichen Dimension (Vergangenheit, Gegenwart, Zukunft).

Für den ALLBUS 1980 wurde eine Einteilung gewählt, die diese Aspekte
auf einer Ebene abzubilden suchte. Bewertungen, die sich auf die eigene Person beziehen sollten, wurden in der Spalte "Zufriedenheit" zusammengefaßt. Eine zweite Spalte sollte personengebundene Wahrnehmungen,
Ziele und Erwartungen aufnehmen; Einstellungen, die sich als Wahrnehmungen oder Bewertungen auf gesellschaftliche Institutionen beziehen
sollten, sollten am anderen Ende des Einstellungs-Spektrums angesiedelt werden. Zwei weitere Spalten sollten gesellschaftliche Ordnungs-
prinzipien (Werte, Gestaltungsnormen) und Einstellungen zu aktuellen
Problemen enthalten.

Die Auswahl und Gliederung der inhaltlichen Teile orientierte sich an
den genannten Traditionen der deutschen empirischen Sozialforschung und
ist zugleich zu verstehen als eine Art Überblick über die thematischen
Schwerpunkte und inhaltlichen Interessengebiete sozialwissenschaftlicher
Umfragen in der Bundesrepublik in den letzten Jahren.

3.1.1.2 Kriterien für die Auswahl des Fragenprogramms

War die Systematik, wie gesagt, gedacht als Orientierungshilfe zur planvollen Einordnung potentieller Fragen und Fragenkomplexe, so ging es
nun darum, einen Katalog solcher Fragen zusammenzustellen, der dann als
Grundlage für die endgültige Auswahl des Fragenprogramms dienen konnte.

Der Bereich soziodemographischer Fragen war dabei relativ unproblematisch: Bei den Hintergrundsmerkmalen wurden vor allem Fragen der ZUMA-
Standarddemographie berücksichtigt und um einige Zusatzfragen ergänzt.

Schema 1: <u>Systematik des Fragenprogramms zum ALLBUS 1980</u>

Bereich	zur Zeit der Geburt	um 15 Jahre	zw. 15 und Interview	Status/Betroffenheit/Versorgung/ Verhalten/Wissen

1. Umwelt
  Wohnung
  Quartier
  Wohnort
  Region				

2. Familie/
  Lebenszyklus
  Alter
  Familienstand
  Fam.-Struktur
  Kinder
  Geschlecht
  (-zugehörigkeit)
  (-rollen)
  (-verhalten)				

3. Bildung/Qualifi-
  kation/kulturelle
  Teilhabe				

4. Arbeit/Beruf/
  sozio-ökonom.
  Status
 	
  Wirtschaftsordnung				

5. Gruppenzuge-
  hörigkeiten
  Religion
  ethn. Bindungen
  Vereine/Verbände				

6. Politik				

7. Integration/
  Konflikt
  Recht
  Ungleichheit
  Macht				

8. Gesundheit/soziale Sicherung				
9. Freizeit/ Zeitverwendung				
10. Interaktion/ Persönlichkeit				
11. Querbereiche/ Sonstige				

Zufriedenheit	Einstellungen ... gesellsch. Wertorientierungen Person/Wahrnehmung, Erwartungen, Bewertungen/System	Gestaltungs- normen	aktuelle Probleme

Die ZUMA-Standarddemographie ist ein beim Zentrum für Umfragen, Metho-
den und Analysen (ZUMA) e.V. (1) in Mannheim entwickeltes System von
Fragen zur Erfassung der wichtigsten demographischen und sozialstruk-
turellen Hintergrundmerkmale des Befragten und seiner engsten Familien-
angehörigen (z.B. werden ermittelt Informationen zur Schul- und Berufs-
ausbildung, zur Berufstätigkeit und zur beruflichen Situation, zu Fa-
milienstand, Alter, Konfession, Vereinszugehörigkeiten, zur Zusammen-
setzung des Haushalts u.v.a.m.). (2)

Bei den Einstellungsfragen im weitesten Sinne stellte sich das Problem
der Auswahl: Da die Grundmenge der potentiellen Einstellungsfragen für
den ALLBUS 1980 im Prinzip aus allen jemals in deutschen sozialwissenschaftlichen Repräsentativbefragungen erhobenen Fragen bestand, sofern
sie sich in die oben beschriebene Systematik einpassen ließen, mußten
Kriterien entwickelt werden, die eine systematische Auswahl von Fragen
aus dieser Grundmenge zuließen.

Diese Kriterien für die Aufnahme von Fragen in das Fragenprogramm
hatten sowohl den Zielsetzungen des ALLBUS (Analyse des sozialen Wandels, Datengenerierung für Lehre und Forschung, Sozialberichterstattung) als auch dem Potential und den Beschränkungen des Instruments

---

(1) ZUMA ist "ein nichtkommerzielles sozialwissenschaftliches For-
schungsinstitut, das auf Anfrage wissenschaftliche Dienstleistun-
gen für die empirische Sozialforschung erbringt. Es steht der
Sozialforschung in allen Wissensgebieten für die Anlage, Durchfüh-
rung und Auswertung sozialwissenschaftlicher Untersuchungen zur
Verfügung. ZUMA versucht außerdem dazu beizutragen, die methodischen
und technischen Grundlagen für solche Untersuchungen durch eigene
Forschungen zu verbessern" (W e g e n e r 1980, Seite 401). Einen
genauen Überblick über das Angebot und die Leistungen von ZUMA
vermittelt die ZUMA-Broschüre, die auf Anfrage zugeschickt wird
(ZUMA e.V., Postfach 5969, 6800 Mannheim, Tel. 0621-180040). Eine
zusammenfassende Darstellung findet sich bei W e g e n e r, 1980.

(2) Zur ZUMA-Standarddemographie s. P a p p i , 1979.

der Repräsentativumfrage Rechnung zu tragen. Demzufolge sollten in das Fragenprogramm des ALLBUS nur solche Fragen aufgenommen werden, die

1) bereits in früheren nationalen Erhebungen gestellt worden waren, sich methodisch bewährt haben und wissenschaftlich diskutiert waren (Forderung nach Fragenkontinuität),

2) sich dem besonderen Charakter der Mehrthemenbefragung anpassen ließen, also nicht zu zeitaufwendig und nicht nur von Teilgruppen der Gesellschaft sinnvoll zu beantworten seien (Forderung nach Methodenkonformität),

3) international vergleichbar seien (Forderung nach internationaler Vergleichbarkeit) und

4) mit anderen Variablen bzw. Variablenkomplexen in einem inhaltlichen Zusammenhang stünden (Forderung nach Theorieprüfung).

Zu 1) Fragenkontinuität: Die Einrichtung des ALLBUS sollte vornehmlich dem Zweck dienen, Zeitreihen für solche Informationen zu begründen, die in der amtlichen Statistik nicht erhoben werden oder - soweit es den Bereich der kommerziellen Umfrageforschung angeht - nicht für eigene Analysen zugänglich sind. Daher war solchen Fragen der Vorzug zu geben, für die eine Fragenkontinuität gewährleistet war. Außerdem sollte die Zugänglichkeit der Originaldaten sichergestellt werden.

zu 2) Methodenkonformität: Der ALLBUS ist seinem Charakter nach eine Mehrthemenbefragung. Dies bedeutete, daß für einzelne Themenbereiche nur eine geringe Befragungszeit zur Verfügung stand und daß sie nur mit wenigen Fragen, nicht aber mit aufwendigen Fragebatterien abgedeckt werden konnten. Da die Zielpopulation die gesamte Wohnbevölkerung der Bundesrepublik umfassen sollte, sollten Fragen, die nur Teile der Bevölkerung beträfen, nur in sehr eingeschränktem Maße aufgenommen werden.

Zu 3) Internationale Vergleichbarkeit: Der Nutzen des ALLBUS für die
Analyse der Gesellschaft der Bundesrepublik sollte dadurch ge-
steigert werden, daß seine Ergebnisse mit Daten aus Repräsentativ-
erhebungen anderer entwickelter Industriegesellschaften vergleich-
bar sein sollten.

Zu 4) Auswertungsfähigkeit: In der Regel sollte solchen Fragen Priori-
tät eingeräumt werden, die mit anderen Variablen-Komplexen in
einem inhaltlichen Zusammenhang stünden. Dabei wurde besonders
in Rechnung gestellt, daß auch die Ergebnisse eines einzelnen
ALLBUS immanent analysefähig zu sein hätten. Neben einer isolier-
ten Begründung der Einzelfragen hinsichtlich ihrer inhaltlichen
Aussagekraft, ihrer methodischen Qualität und ihres komparativen
Potentials mußte daher auch ihr Stellenwert im gesamten Fragen-
programm zu berücksichtigen sein.

Sollte bei vorgeschlagenen Fragen eine Konkurrenz zwischen einzelnen
dieser Zielforderungen auftreten, mußte von Fall zu Fall zu entscheiden
sein, welche Forderung vorrangige Gültigkeit haben sollte. Bei solchen
Entscheidungen sollten sowohl die theoretische als auch die methodische
Qualität konkurrierender Fragen und Items in Betracht gezogen werden.

3.1.1.3 Entwicklung des Fragenprogramms

Nachdem in den beiden vorangegangenen Abschnitten die Systematik des
Fragenprogramms und die Kriterien für die Aufnahme der Fragen vorgestellt worden sind, soll nun aufgezeigt werden, wie das Fragenprogramm
des ALLBUS 1980 tatsächlich zustande gekommen ist.

Zur Vorbereitung des Fragenprogramms wurde zunächst eine umfangreiche
Dokumentation von Einzelfragen, Fragenbatterien und Skalen auf der
Grundlage der veröffentlichten und unveröffentlichten ("grauen") Li-
teratur sowie den Beständen des Zentralarchivs (1) erstellt.

____

(1) Das Zentralarchiv für empirische Sozialforschung der Universität
zu Köln (Bachemer Straße 40, 5000 Köln 41, Tel. 0221/444 086 und

Die Dokumentation enthielt Variablen, Indikatoren, Frageformulierungen, Antwortverteilungen und Quellen für Fragen, welche den oben genannten Kriterien für die Auswahl des Fragenprogramms gerecht wurden, sowie eine umfangreiche Bibliographie zu Arbeiten und Veröffentlichungen aus der deutschen empirischen Sozialforschung.

Diese Dokumentation wurde erweitert durch inhaltliche Anregungen und Vorschläge von Sozialwissenschaftlern aus der gesamten Bundesrepublik und West-Berlin, die um Beiträge zur Konstruktion des Fragenprogramms gebeten worden waren.

Aus diesen Quellen erstellte eine mittlerweile bei ZUMA konstituierte Arbeitsgruppe eine Materialsammlung "Vorschläge zum Fragenprogramm", die eine Auswahl der vorgeschlagenen Instrumente sowie die Begründung für diese Auswahl enthielt. Zugleich wurde ein Fragebogenentwurf als Entscheidungshilfe vorgelegt, der wiederum als Auswahl aus der Materialsammlung zustandegekommen war.

Im September 1979 wurde eine Sitzung des wissenschaftlichen Projektbeirates einberufen, dem führende Vertreter der deutschen empirischen Sozialforschung angehörten. Auf der Grundlage der Materialsammlung und des Fragebogenentwurfes wurde die endgültige Auswahl des Fragenprogramms für den Pretest getroffen; damit konnte mit der Erstellung des Fragebogens für den Pretest begonnen werden.

Bei seiner Konstruktion ergab sich als zentrales Problem, wie die Vielfalt der Themen und Fragen in eine für den Befragten sinnvolle Ordnung und Abfolge gebracht werden könne.

Ein weiteres Problem resultierte aus der Heterogenität der Fragen und

---

Fortsetzung Fußnote (1) Seite 48

470 3155) hat die Aufgabe, Primärmaterial und Ergebnisse sozialwissenschaftlich relevanter Untersuchungen zu sammeln, für wissenschaftliche Sekundäranalysen aufzubereiten und zur Verfügung zu halten (s. ZA-Information 1, Dez. 1977, S. 3).

Skalen aus den unterschiedlichen Vorbildstudien. Da die Replikation von
Fragen aus älteren Studien ein wesentliches Ziel des ALLBUS war, mußte
auf eine Angleichung der Fragen an einen einheitlichen Stil der Befra-
gungstechnik und sprachlichen Formulierung weitgehend verzichtet werden.
Soweit es im Hinblick auf die Replikationsziele allerdings zu vertreten
war, wurden die Befragungshilfen (also z.B. Skalen, Listen mit Antwortvorgaben) vereinheitlicht, und es wurde der Versuch unternommen, das
Gesamtinstrument im Aufbau zu vereinfachen.

Der endgültige Fragebogen für den Pretest wurde bei ZUMA vorbereitet
und beim Datenerhebungsinstitut, der Gesellschaft für angewandte Sozialpsychologie (Getas, Bremen), gedruckt. Der Pretest wurde von ZUMA
und Getas simultan durchgeführt.

Die Daten des Pretests wurden einer umfassenden Analyse unterzogen. Auf
der Grundlage dieser Analyse wurde auf einer erweiterten Antragsteller-
Konferenz im November 1979 das endgültige Fragenprogramm für die erste
ALLBUS-Umfrage verabschiedet.

Der Fragebogen zum ALLBUS 1980 ist das Ergebnis eines komplexen Prozesses
von Vorgehensweisen und Entscheidungen auf mehreren Ebenen, die, von
den Projekt- und ZUMA-Mitarbeitern ausgehend, über die Antragsteller
und den wissenschaftlichen Beirat des Projekts bis weit in die deutsche
empirische Sozialforschung hinausreichten. Eine schematische Zusammenfassung dieses Prozesses stellt Abbildung 1 auf Seite 52/53 dar.

3.1.2 Der Pretest

Die Durchführung eines Pretests gilt in allen umfangreicheren empirischen Forschungsprojekten als unabdingbare Voraussetzung für die Vorbereitung der Hauptstudie.

Im Pretest wird das in der Hauptstudie zu verwendende Instrument, in
diesem Falle also der Fragebogen, sowie seine einzelnen Bestandteile,
also Fragenkomplexe, Fragen, Itembatterien, Skalen etc., hinsichtlich
ihrer grundsätzlichen Anwendbarkeit, ihrer technischen Durchführbarkeit,

ihrer inhaltlichen Verständlichkeit, ihrer Zeitdauer und anderer ähn-
licher Kriterien überprüft.

Der im Pretest verwendete Fragebogen soll aufgrund der Pretest-Analyse
verbessert und zu einem inhaltlich sinnvollen, methodisch adäquaten und
technisch praktikablen Fragebogen für die Hauptstudie umgearbeitet werden. Da gerade die Pretest-Analyse oft eher nachlässig gehandhabt wird,
soll ihr hier relativ breiter Raum gelassen werden. Besondere Aufmerksamkeit soll auch auf die Konsequenzen des Pretests für die Hauptstudie
gelenkt werden. Zunächst sollen aber Fragenprogramm und Fragebogen des
Pretests zum ALLBUS 1980 vorgestellt und die Feldphase, also die Durchführung der Pretest-Erhebung beschrieben werden.

3.1.2.1 Fragenprogramm und Fragebogen

Das Fragenprogramm für den Pretest zum ALLBUS 1980 war, wie gesagt,
zustandegekommen als Auswahl aus den Vorschlägen der Beiratsmitglieder
und anderer Sozialwissenschaftler, aus den Beständen des Zentralarchivs
und aus der vorhandenen Literatur. Es war zuerst dokumentiert worden
in der Materialsammlung "Vorschläge zum Fragenprogramm" der ZUMA-Arbeitsgruppe. Eine Auswahl der dort gesammelten Fragen wurde in Form
eines Fragebogenentwurfes zusammengestellt, der als Entscheidungshilfe
dienen sollte bei der Festlegung des endgültigen Fragenprogramms.

Auf der Grundlage dieser Materialien, also der "Vorschläge zum Fragenprogramm" und dem Fragebogenentwurf, wurde das endgültige Fragenprogramm für den Pretest zum ALLBUS 1980 ausgewählt. Die Variablen des
Pretests sind aus Schema 2 zu ersehen (s. Seite 54/55).

Nachdem das Fragenprogramm festgeschrieben war, begann mit der Konstruktion des Fragebogens ein nicht minder komplizierter Prozeß. Vor
allem ergab sich das Problem, wie die verschiedenen Themenbereiche
und Fragen in eine für die Befragten sinnvolle Ordnung und Abfolge zu
bringen seien. Auch mußte die Heterogenität der Fragen und Skalen beachtet werden, welche ja fast ausnahmslos aus früheren Studien übernommen worden waren, und zwar aus inhaltlich wie technisch ganz unter-.

Abbildung 1: <u>Entstehung des Fragebogens zum ALLBUS 1980</u>

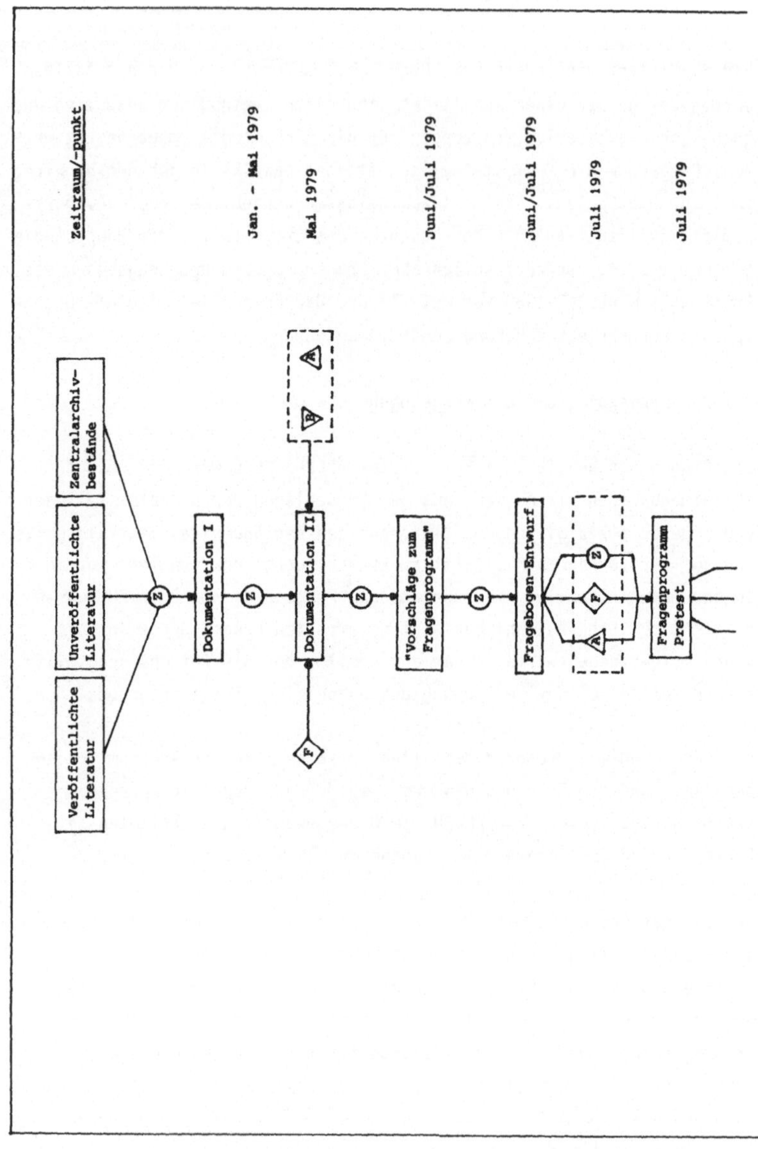

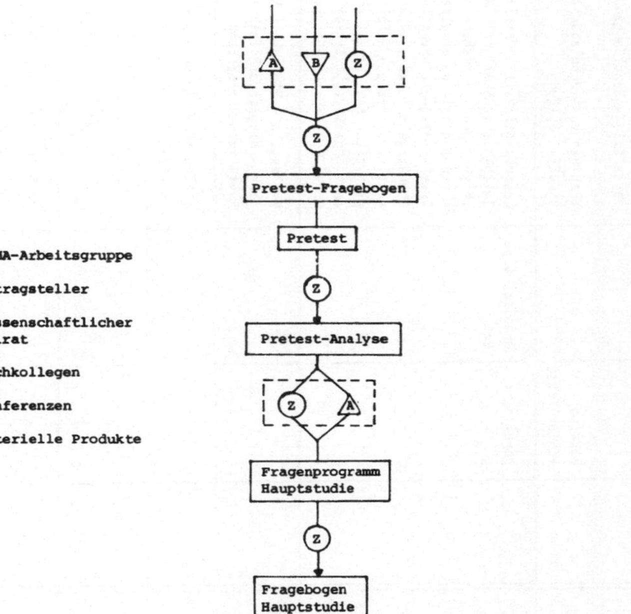

Z = ZUMA-Arbeitsgruppe
A = Antragsteller
B = Wissenschaftlicher Beirat
F = Fachkollegen
= Konferenzen
= Materielle Produkte
A B Z
Z
Pretest-Fragebogen
Pretest
Z
Pretest-Analyse
Z A
Fragenprogramm Hauptstudie
Z
Fragebogen Hauptstudie
August 1979
September 1979
September 1979
Sept./Okt. 1979
Okt./Nov. 1979
November 1979
November 1979
Dezember 1979

Schema 2: <u>Variablen des Pretests zum ALLBUS 1980</u>

Bereich	zur Zeit der Geburt	um 15 Jahre	zwischen 15 J. und Interview	Status, Betroffenheit, Versorgung, Verhalten, Wissen
1. Umwelt				Ortstyp – Haustyp – Wohneigentum – Wohndauer Ort – Horizontale Mobilität
2. Familie	Geburtsjahr – Geschlecht			Familienstand – Heiratsjahr – Zahl u. Alter d. Kinder – Haushaltsstruktur – Erwerbstätigkeit u. Beruf d. Ehepartners – Todesfälle – Scheidungen
3. Bildung		Schulabschluß Vater		Schulbesuch – Schulabschluß – Berufsausbildung
4. Arbeit, Wirtschaft		Beruf Vater	Arbeitslosigkeit	Erwerbstätigkeit – Berufliche Tätigkeit u. Stellung – Betriebsgröße – Branche – Einkommen aus Arbeit u. Vermögen – Erwerbstätigkeit Ehepartner – Überwiegender Lebensunterhalt – Arbeitsautonomie – Arbeitskomplexität – Arbeitszeit pro Woche – Arbeitszeitflexibilität – Dauer Betriebszugehörigkeit
5. Gruppen				Konfession – Häufigkeit Kirchgang – Mitgliedschaften – Kontakte zu Gastarbeitern
6. Politik				Wahlrückerinnerung – Kontakte zu Behörden
7. Ungleichheit, Recht				
8. Interaktion				Bekannte – Freunde
9. Persönlichkeit				

Bereich	Zufrieden-heit	Einstellungen ... gesellsch. Wert-orientierungen, Wahrnehmungen, Er-wartungen, Bewertungen	Gestaltungs-normen	Aktuelle Probleme
1. Umwelt				
2. Familie		Ehe und Familie – Ideale Kinderzahl – Ehe als Institution – Erziehungszie-le – Familie als Wert – Wichtigkeit Familie – Wichtigkeit Verwandtschaft		
3. Bildung				
4. Arbeit, Wirt-schaft	Arbeits-zufrieden-	Latente Arbeitslosigkeit – Arbeits-orientierungen – Arbeitsplatzsicher-heit – Wunsch nach Beruf – Furcht vor Arbeitslosigkeit – Verteilungs-gerechtigkeit – Wichtigkeit Beruf – Wichtigkeit Freizeit		Staatsin-torvontio-nismus
5. Gruppen		Wichtigkeit Religion – Einstellungen zu Gastarbeitern		Gastarbei-ter
6. Politik	Leistungs-bereit-schaft	Politisches Interesse – Wahlabsicht – Ideologische Orientierung – Ein-stellungen zur Bürokratie – Einfluß von Gruppen und Institu-tionen – Wohlfahrtsstaat – Wichtig-keit Politik	Staatsauf-gaben – Öffentlich vs. Privat – Postma-terialismus	Politische Issues – Parteien-bewertung
7. Ungleich-heit, Recht	Relative Deprivation	Subjektive Schicht – Statusattri-buierung – Individual- vs. Kol-lektivorientierung – Wahrnehmung von Ungleichheit – Cleavages – Entwicklungschancen – Mobilitäts-kriterien – Chancengerechtigkeit –		
8. Inter-aktion		Wichtigkeit Freunde		
9. Persön-lich-keit		Soziale Wünschbarkeit – Fremd- vs. Selbstbestimmung		

schiedlichen Umfragen.

Die Probleme bei der Konstruktion eines Fragebogens im allgemeinen sollen hier nicht diskutiert werden; die einschlägige Literatur hierzu ist sehr vielfältig (z.B. A l e m a n n 1977, B a b b i e 1979, K a r - m a s i n und K a r m a s i n 1977, S c h u m a n und P r e s s e r 1981, S u d m a n und B r a d b u r n 1974). Da für die meisten Fragen aufgrund des Replikationsanspruches die Formulierung des Fragentextes und der Antwortkategorien weitgehend vorgegeben war, traten beim ALLBUS die typischen Probleme der Frageformulierung bzw. der Darbietung der Antwortmöglichkeiten, wie sie in der genannten Literatur beschrieben sind, praktisch nicht auf.

Etwas mehr Raum soll hingegen der "Filterführung" gewidmet werden, weil die damit zusammenhängenden Probleme in der Literatur oft vernachlässigt werden. Was ist unter "Filterführung" zu verstehen?

Bestimmte Fragen, insbesondere nach soziodemographischen Merkmalen, sind nicht oder nicht sinnvoll von allen Befragten zu beantworten. Um zu vermeiden, daß bestimmte Befragte mit sie nicht betreffenden Fragen konfrontiert werden, werden im Fragebogen "Filter" eingebaut. Durch einen Filter erhält der Interviewer die Anweisung, die folgende(n) Frage(n) für bestimmte Teile der Befragungspersonen zu überspringen und die Befragung sofort an einer späteren Stelle des Fragebogens weiterzuführen.

Beispiel: Da man ledige Befragungspersonen sinnvollerweise nicht nach Angaben zu ihrem Ehepartner befragen kann, muß auf die Frage nach dem Familienstand ein Filter folgen, wenn unmittelbar nach dieser Frage Informationen zum Ehepartner abgefragt werden sollen. Der Filter zeigt dem Interviewer an, daß er für ledige Personen die folgenden Fragen (zum Ehepartner) übergehen muß und ab wann er diese Personen weiter befragen muß:

Frage 1 <u>*Familienstand*</u>

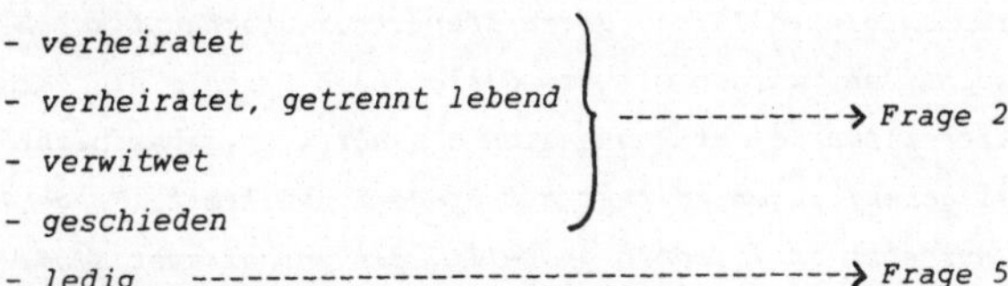

```
    - verheiratet
    - verheiratet, getrennt lebend  ┐
    - verwitwet                      ├ ------------→ Frage 2
    - geschieden                     ┘

    - ledig  ---------------------------------------→ Frage 5
```

Frage 2 <u>*Konfession des (früheren) Ehepartners*</u>

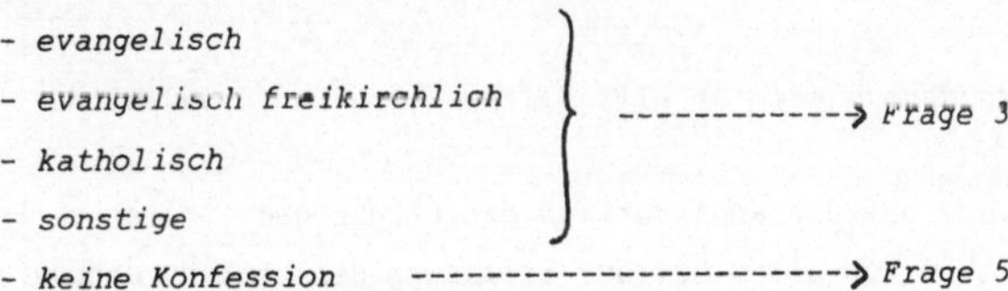

```
    - evangelisch                    ┐
    - evangelisch freikirchlich      ├ -----------→ Frage 3
    - katholisch                     │
    - sonstige                       ┘

    - keine Konfession  --------------------------→ Frage 5
```

Frage 3 <u>*Besuch des Gottesdienstes durch Ehepartner*</u>

```
    - ja   ----------------------------------------→ Frage 4
    - nein ----------------------------------------→ Frage 5
```

Frage 4 <u>*Häufigkeit des Gottesdienstbesuches Ehepartner*</u>

```
    - mehrmals in der Woche
    - einmal in der Woche ...... usw. -----------→ Frage 5
```

Frage 5 an alle: <u>*Konfession des Befragten*</u>

Bei dem vorliegenden Beispiel wird der Befragte zunächst nach seinem Familienstand befragt. Nur Verheiratete oder ehemals Verheiratete erhalten danach Fragen zum Ehepartner bzw. zum letzten Ehepartner, die Ledigen werden sofort auf Frage 5 "gefiltert", d.h. sofort mit Frage 5 weiter befragt.

Der nächste Filter tritt bei Frage 2 auf. Verheiratete und ehemals Verheiratete werden nun nach der Konfession des Ehepartners gefragt. Ist/war der Ehepartner ohne Konfession, werden die folgenden Fragen 3 und 4 übersprungen, und das Interview wird mit Frage 5 fortgeführt. Wird eine Konfession angegeben, wird dem Befragten Frage 3 nach dem Besuch des Gottesdienstes durch den Ehepartner vorgelegt. Das heißt, nur solche Personen müssen Frage 3 beantworten, die verheiratet sind oder waren und deren Ehepartner irgendeiner Konfession zugehört/e.

Da die folgende Frage 4 nach der Häufigkeit des Gottesdienstbesuches nur für Personen sinnvoll ist, deren Ehepartner überhaupt solche Gottesdienste besuch(t)en, werden mit dem Filter nach Frage 3 die Personen, deren Ehepartner zwar einer Konfession angehör(t)en, aber nicht zum Gottesdienst gehen/gingen, direkt auf Frage 5 gefiltert. Frage 4 wird somit also nur noch an Personen gestellt, die verheiratet sind/waren, deren Ehepartner einer Konfession angehört(e) und zum Gottesdienst geht bzw. ging.

Frage 5 wird dann wieder an alle Befragungspersonen gestellt.

Filterprobleme bei der Konstruktion des Fragebogens traten im Pretest zum ALLBUS 1980 vor allem bei der Erfassung der Hintergrundsvariablen vermittels der ZUMA-Standarddemographie auf. Eine Vorstellung von der Komplexität und den Schwierigkeiten des Filtersystems vermittelt das folgende, von Mitarbeitern der ZUMA-Feldabteilung konstruierte Filterdiagramm der Fragen zur Erfassung soziodemographischer Merkmale (s. Abb. 2, S. 60/61).

Dabei symbolisieren die Pfeile, Kreise und Kästchen den Fragenablauf; die Zahlen entsprechen den Fragennummern im Fragebogen. Die eckigen Kästchen stellen Fragen der ZUMA-Standard-Demographie dar, wobei die Rechtecke Fragen an alle Personen, die Quadrate Fragen an Untergruppen (z.B. Berufstätige) entsprechen. Die Kreise repräsentieren Fragen, die zusätzlich zu den Fragen der ZUMA-Standard-Demographie in den Demographieteil aufgenommen worden sind, auch sie unterschieden in Fragen an Alle und Fragen an Untergruppen.

3.1.2.2 Feldphase

Der Pretest zum ALLBUS 1980 wurde von ZUMA und Getas simultan durchgeführt. Die Feldphase, also der Zeitraum der Datenerhebung, lag bei Getas zwischen dem 25. 9. und dem 6. 10., bei ZUMA zwischen dem 26. 9. und dem 12. 10. 1979.

Insgesamt wurden 67 Pretest-Interviews realisiert, davon 27 durch Getas-

und 40 durch ZUMA-Interviewer bzw. durch Mitglieder der Projektgruppe.

*Bei der Vorbereitung einer Umfrage ist es zu empfehlen, daß die unmit-
telbar beteiligten Wissenschaftler selbst Interviews im Rahmen des Pretests durchführen. Durch die direkte Konfrontation mit den Befragten
kann eine höhere Sensibilität für Schwächen des Fragebogens oder einzelner Fragen, für Verständnisschwierigkeiten, für Reaktionen der Befragten auf bestimmte Fragen oder Fragenbereiche, kurz: für alle Probleme
erreicht werden, die der Fragebogen in der vorliegenden Fassung in der
Interview-Situation hervorrufen kann.*

Die von Getas-Interviewern befragten Personen waren durch eine Zufallsauswahl ermittelt worden, die von ZUMA-Interviewern bzw. Mitgliedern
der Projektgruppe befragten Personen durch eine Quotenauswahl.

Bei der <u>Zufallsauswahl</u> wird, ganz allgemein gesprochen, zunächst eine
Grundgesamtheit definiert. Die Grundgesamtheit besteht aus der Menge
aller Personen, die aufgrund des Erkenntnisinteresses des Forschers
und/oder der Thematik der Studie prinzipiell als Zielpersonen für ein
Interview in Frage kommen (das können z.B. bei einer Wahlstudie alle
wahlberechtigten Personen in der Bundesrepublik sein, bei einer indu-
striesoziologischen Studie alle Angehörigen eines Industriebetriebes,
das können alle Katholiken ab 15 Jahre in einem bestimmten Bistum sein,
alle Mütter mit schulpflichtigen Kindern in einer bestimmten Stadt usw.).
Aus dieser Grundgesamtheit werden dann nach einem vorher genau festgelegten Verfahren per Zufall diejenigen Personen ausgewählt, die tatsächlich befragt werden sollen. Auf die Darstellung der unterschiedlichen Stichprobenverfahren, die zur Auswahl der Befragungspersonen angewandt werden können, müssen wir hier verzichten; das Verfahren zur
Ziehung der Stichprobe für die Hauptstudie zum ALLBUS 1980 wird in Abschnitt 3.1.3.4 näher beschrieben.

Bei einer <u>Quotenauswahl</u> werden die zu befragenden Personen nicht zufällig ermittelt, sondern aufgrund ihrer Zuordenbarkeit zu den Ausprägungen bestimmter demographischer Merkmale bzw. Merkmalskonstellationen.
Unter Berücksichtigung der ihm vorgegebenen Auswahlkriterien obliegt

Abbildung 2: <u>Filterdiagramm der Fragen zur Erfassung soziodemographischer Merkmale</u>

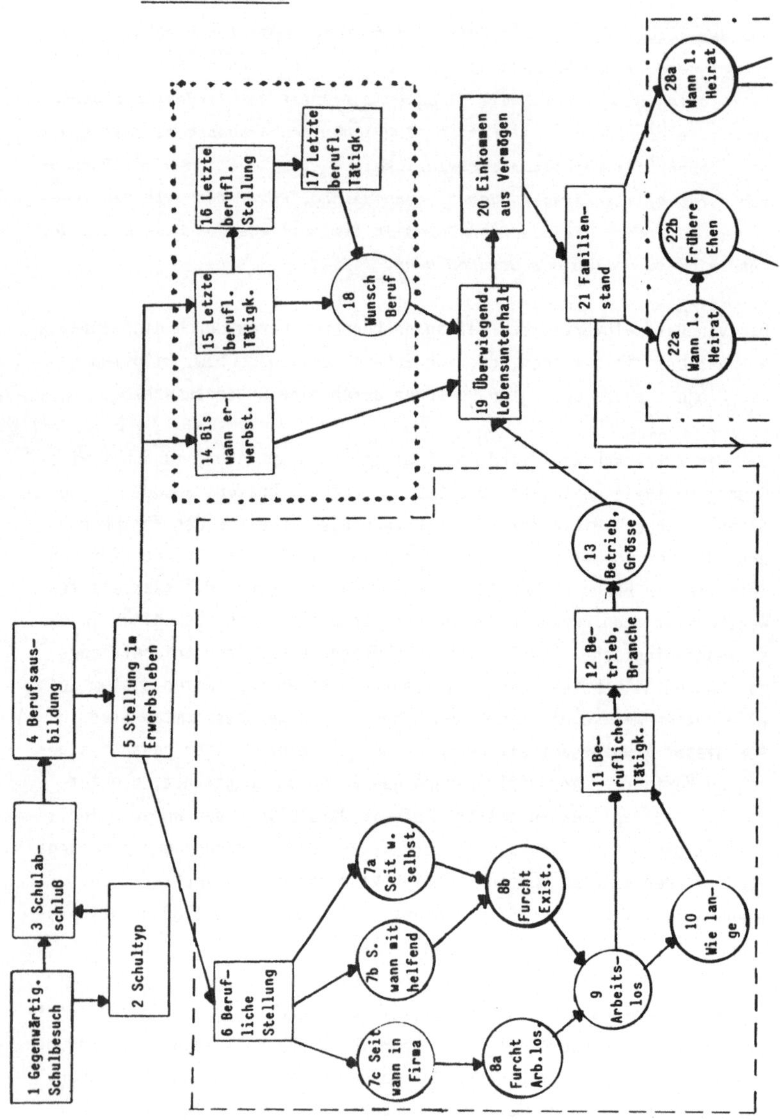

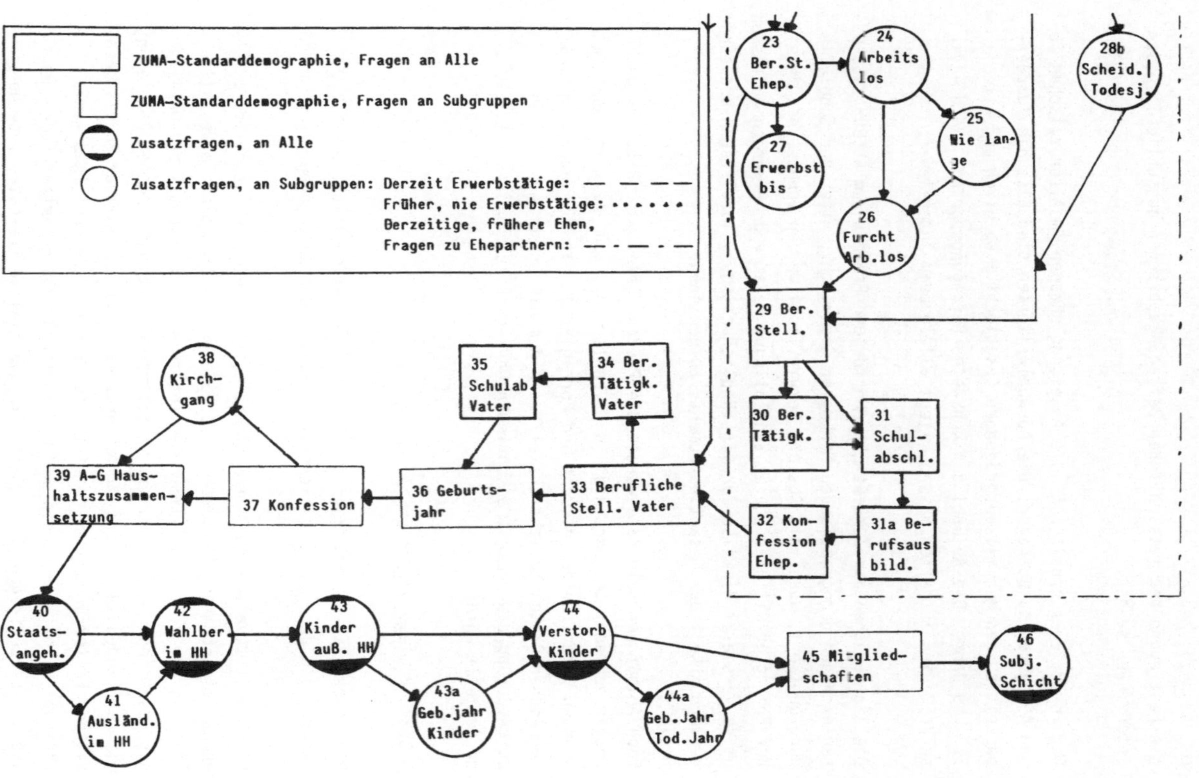

ZUMA-Standarddemographie, Fragen an Alle
ZUMA-Standarddemographie, Fragen an Subgruppen
Zusatzfragen, an Alle
Zusatzfragen, an Subgruppen: Derzeit Erwerbstätige:
Früher, nie Erwerbstätige:
Derzeitige, frühere Ehen,
Fragen zu Ehepartnern:
23 Ber.St. Ehep.
24 Arbeits los
25 Wie lan- ge
26 Furcht Arb.los
27 Erwerbst bis
28b Scheid.| Todesj.
29 Ber. Stell.
30 Ber. Tätigk.
31 Schul- abschl.
31a Be- rufsaus bild.
32 Kon- fession Ehep.
33 Berufliche Stell. Vater
34 Ber. Tätigk. Vater
35 Schulab Vater
36 Geburts- jahr
37 Konfession
38 Kirch- gang
39 A-G Haus- haltszusammen- setzung
40 Staats- angeh.
41 Ausländ. im HH
42 Wahlber im HH
43 Kinder auß. HH
43a Geb.jahr Kinder
44 Verstorb Kinder
44a Geb.Jahr Tod.Jahr
45 Mitglied- schaften
46 Subj. Schicht

die Festlegung der tatsächlichen Befragungspersonen ausschließlich dem
Interviewer selbst.

Der Interviewer erhält z.B. die Anweisung, Frauen im Alter zwischen 35
und 49 Jahren zu befragen; die Auswahlkriterien sind also die Zuordenbarkeit zu den Merkmalsausprägungen Geschlecht = weiblich und Alter =
35 - 49 Jahre. Die Auswahl der konkreten Befragungsperson, auf die diese Kriterien zutreffen müssen, liegt allein beim Interviewer.

Die Zielpersonen der ZUMA-Stichprobe für den Pretest zum ALLBUS 1980 waren nach den demographischen Merkmalen Geschlecht, Alter und Schulbildung quotiert, wobei die Absicht verwirklicht werden konnte, den Anteil
der Befragten mit niedrigerer Schulbildung relativ groß werden zu lassen,
um so verstärkt Hinweise zur Verständlichkeit der Einzelfragen und zur
Verwendbarkeit des Gesamtinstruments zu gewinnen.

Nach Ablauf der Feldphase wurden die Pretest-Daten vercodet, auf Daten-
träger gebracht und bereinigt (d.h. Fehler, die z.B. beim Vercoden entstanden waren, wurden gesucht und korrigiert). Bei ZUMA wurde ein aus-
führlicher Pretestbericht erstellt, in dem die Erfahrungen bei der
Durchführung des Pretest beschrieben und erste inhaltliche Analysen
dargestellt wurden.

3.1.2.3 Pretestanalyse

Die Ergebnisse des Pretests zum ALLBUS 1980 wurden sowohl einer qualitativen als auch einer quantitativen Auswertung unterzogen.

Die _qualitative_ ist die konventionelle, üblicherweise ausschließlich
angewandte Form der Pretestanalyse. Sie beschäftigt sich im wesentlichen mit der zeitlichen Dauer des Interviews, mit technischen Details
des Gesamtinstruments und von Einzelfragen, mit semantischen Problemen,
mit der Eindeutigkeit und Durchführbarkeit der Interviewer-Anweisungen,
mit der Filterführung, mit der optischen Darbietung des Interviews
("Layout"), mit Reaktionen der Befragten auf den gesamten Fragebogen
und auf Einzelfragen, usw. Kurz: die qualitative Pretestanalyse be-

trachtet den Pretest eher von der Seite der technischen Qualität des
Erhebungsinstruments und der Umsetzung bzw. Umsetzbarkeit des Fragebogens in der Erhebungssituation.

Zur Veranschaulichung sollen die Ergebnisse der qualitativen Analyse
von Frage 3 des Pretests zum ALLBUS 1980 dienen, der Frage nach der
Wichtigkeit verschiedener Lebensbereiche (Abb. 3, S. 64).

Die qualitative Analyse dieser Pretest-Frage wurde im Pretest-Bericht
der ZUMA-Arbeitsgruppe wie folgt zusammengefaßt:

- Hier wurde die Anweisung vom Befragten oft nicht auf Anhieb verstanden. Vielen Befragten blieb zunächst unklar, was sie zu tun hatten.

- Oft wurden Rangreihen gebildet, was anscheinend durch die Übereinstimmung der Anzahl der Items mit der Anzahl der Skalenpunkte (jeweils 7) provoziert wurde.

- Einzelne Items (besonders C, F und G) wurden von Befragten (4 x)
  als zwei getrennte Lebensbereiche gesehen und in drei Fällen auch
  getrennt skaliert, z.B.: Freizeit = 6, Sport = 4.

- Zwei alleinstehende Befragte hatten bei Item A Schwierigkeiten, eine
  Wertung abzugeben. Besonders hier, evtl. auch bei den restlichen
  Items, sollte die Kategorie "trifft nicht zu" vorgesehen werden.

- Bei Frage 3 ist eine "gute" Erklärung der Skala besonders wichtig,
  da sie auch bei den Fragen 4 und 8 angewandt wird.

- Falls die Frage in der Haupterhebung nicht umplaziert wird, sollte
  die Skala an dieser Stelle besser erklärt bzw. detaillierter eingeführt werden.

- Sofern es die Replikationsziele zulassen, könnten die oben angeführten Schwierigkeiten mit der Skala durch Einzelvorgabe der Items ver-
  hindert werden.

Abbildung 3: <u>ALLBUS 1980 - Pretestfrage 3 nach der Wichtigkeit von Lebensbereichen (Abschrift)</u>

3	<u>INT.: Blaues Kärtchenspiel mischen und mit gelber Liste 2 nach Vorlesen der Frage übergeben</u>

Auf diesen Karten hier stehen verschiedene Lebensbereiche. Wir hätten gerne von Ihnen gewußt, wie wichtig <u>für Sie</u> diese Lebensbereiche sind. Benutzen Sie bitte für Ihre Antwort diese Skala. Das niedrigste Feld "1" bedeutet, daß dieser Lebensbereich für Sie <u>unwichtig</u> ist. Das höchste Feld "7" drückt aus, daß der betreffende Lebensbereich für Sie <u>sehr wichtig</u> ist. Mit den Zahlen dazwischen können Sie Ihre Antworten abstufen, je nachdem, ob der Lebensbereich mehr oder weniger wichtig ist.

		INT.: hier Skalenwert notieren	INT.: gegebenenfalls hier Bemerkungen der Befragungsperson notieren
A	Eigene Familie und Kinder		
B	Beruf und Arbeit		
C	Freizeit und Sport		
D	Freunde und Bekannte		
E	Verwandtschaft		
F	Religion und Kirche		
G	Politik und öffentliches Leben		

Soweit die Ergebnisse der qualitativen Analyse zu Frage 3 des Pretests zum ALLBUS 1980. Es sei an dieser Stelle ausdrücklich darauf hingewiesen, daß die qualitative Pretestanalyse weniger ein exakt "wissenschaftliches" Verfahren ist als eine Art "Kunstlehre". Da es keine wissenschaftlich ausgearbeiteten Grundlagen der qualitativen Pretestanalyse gibt, ist man hier verstärkt auf die Erfahrungen und den Sachverstand von Kollegen angewiesen, die häufig mit der Durchführung solcher Analysen beschäftigt sind. Allgemein verbindliche Anleitungen über Mittel und Wege sowie daraus abzuleitende Konsequenzen liegen im Bereich der qualitativen Pretest-Analyse nicht vor, so daß an dieser Stelle, dies gilt im Grunde auch für den ALLBUS 1980, ein sehr stark subjektiv geprägtes Element in der Entwicklung eines Fragebogens auftritt.

Ein besonderes Problem der qualitativen Pretest-Analyse, das nach wie vor offen bleibt, ist die Frage, ab wann, d.h. ab welcher Häufigkeit des Auftretens, bestimmte Schwierigkeiten bei einer Pretest-Frage (z.B. das Nicht-Verstehen der Frageformulierung durch die Befragten) typisch sind für diese Frage und deshalb deren Modifikation erfordern und welche Konsequenzen eine solche Modifikation auf den Sinn und das Verständnis der entsprechenden Frage hätte.

Dieses wie eine Reihe anderer Probleme der qualitativen Pretest-Analyse müssen also, wie gesagt, im Forschungsablauf mit einem hohen Maß an Subjektivität gelöst werden, bilden damit gewissermaßen eine Art "Schwachstelle" in der gesamten Fragebogenentwicklung. Eine Lösungsstrategie, die die Subjektivität des Verfahrens wenigstens reduziert, ist die Analyse durch mehrere Personen, insbesondere wenn es sich dabei um Experten handelt, die mit der Durchführung und Auswertung von Pretests vertraut sind.

Die Idee der _quantitativen_ Pretestanalyse besteht darin, über die qualitative Pretestanalyse hinausgehende inhaltliche Kriterien für die Auswahl des Fragenprogramms der Haupterhebung zu entwickeln. Das Verfahren besteht schlicht in der Anwendung von Methoden, wie sie zur Bearbeitung der Ergebnisse größerer Umfragen angewandt werden (also z.B. Kreuztabellierungen, Korrelationsberechnungen, Faktorenanalysen), auf Pretestdaten.

Fragen, auf die mit der quantitativen Pretest-Analyse nach Antworten
gesucht wird, sind etwa:

- Gibt es Items, deren Ergebnisse so extrem schief verteilt sind (also
  z.B. 90% Zustimmung, 10% Ablehnung), daß man sie nicht mehr sinnvoll
  in Auswertungszusammenhänge einbringen kann und von daher für ihre
  Nicht-Aufnahme in den Fragebogen der Hauptstudie plädieren sollte?

- Gibt es Items, die so hoch miteinander korrelieren, daß man sich in
  der Haupterhebung auf die Vorgabe eines einzigen von ihnen beschränken könnte?

- Wie hoch sind Zuverlässigkeit und formale Gültigkeit von Items empirisch?

Bei der quantitativen Pretest-Analyse, die im übrigen nur sehr ver-
einzelt durchgeführt wird, sollte man nicht vergessen, daß die Anwendung solcher entwickelter Methoden der empirischen Sozialforschung
(wie z.B. Faktorenanalysen) auf einen Pretest mit relativ wenigen Befragten grundsätzlich problematisch und in ihrer Sinnhaftigkeit nicht
unumstritten sein dürfte. Daneben drängt sich die Frage auf, ob es
eigentlich zulässig ist, aus den Ergebnissen der quantitativen Analyse,
bei nicht repräsentativer Stichprobe, Erwartungen abzuleiten für die
Ergebnisse der repräsentativen Haupterhebung. Anders ausgedrückt: Wie
kann man vermeiden, daß aufgrund der inhaltlichen Pretest-Analyse bestimmte Fragen in die Haupterhebung aufgenommen werden, deren Ergebnisse im Pretest in der Tat ausschließlich Folge der nicht-repräsen-
tativen Stichprobe sind? Definitive Kriterien zur Lösung dieses Problems liegen zur Zeit nicht vor.

Auf die Darstellung einzelner Ergebnisse der qualitativen und quantitativen Pretest-Analyse beim ALLBUS 1980 soll hier verzichtet werden.
Im Sinne einer Bewertung des Verfahrens wird vorgeschlagen, trotz der
genannten Schwächen und Unsicherheiten (Subjektivität bei der qualita-

tiven, methodische und allgemeinere Unklarheiten bei der quantitativen Pretest-Analyse) Pretest-Analysen sowohl qualitativ als auch quantitativ durchzuführen. Welches sind aber nun die möglichen Konsequenzen der Pretest-Analyse für das Fragenprogramm der Hauptstudie?

3.1.2.4 Konsequenzen des Pretests

Aus einem Pretest werden im wesentlichen folgende Arten von Konsequenzen gezogen:

1. <u>Streichung</u> von Fragen
   (wenn - qualitativ - Frageformulierungen sich als unpräzise erwiesen haben, doppelte Stimuli aufgetreten sind, Fragen zu viel Zeit beansprucht haben, u.ä.; wenn - quantitativ - extrem schiefe Verteilungen aufgetreten und Antwortkategorien unbesetzt oder quasi unbesetzt geblieben sind, wenn extrem hohe Korrelationen zwischen Items einer Batterie aufgetreten sind, u.ä.).

2. <u>Umformulierung</u> von Fragen, Skalenvorgaben und Items
   (wenn - qualitativ - Frageformulierungen unpräzise waren, doppelte Stimuli aufgetreten sind, Fragen zu zeitaufwendig waren, Antwortkategorien unvollständig waren, Verständnisprobleme aufgetreten sind, u.ä.).

3. <u>Ersetzen</u> ungeeigneter Fragen, Skalenvorgaben und Stimuli (Gründe wie bei 1. und 2.).

4. <u>Änderungen in der Abfolge</u> der Fragen (Sukzession) <u>und der technischen Gestaltung</u> des Fragebogens
   (wenn- qualitativ - Plazierungs- und Sukzessionseffekte zu vermuten sind oder durch technische Veränderungen eine Erleichterung der Durchführung des Interviews zu erwarten ist).

5. <u>Hinweise für die Auswertung der Hauptstudie</u>
   (vor allem aus der quantitativen Analyse).

Die Analyse des Pretests zum ALLBUS 1980 hatte durchaus eine Reihe

konkreter Konsequenzen für das Fragenprogramm der Hauptstudie, wobei
aber den Ergebnissen der <u>qualitativen</u> Analyse weitaus mehr Bedeutung
zugewiesen wurde als den Ergebnissen der quantitativen.

Die nachgeordnete Bedeutung der quantitativen Pretest-Analyse ist darauf zurückzuführen, daß man wegen der geringen Stichprobengröße keine
allzu rigorosen Konsequenzen aus den Ergebnissen dieser Art von Analyse
ziehen wollte. Auf der anderen Seite lagen bis dahin keine quantitativen Pretest-Analysen ähnlichen Umfangs vor, aus denen man hätte Er-
fahrungs- und Vergleichswerte für die Zuverlässigkeit des Verfahrens
gewinnen können.

Die qualitative Pretest-Analyse führte an einigen Stellen zu Streichungen oder Modifikationen von Fragen und Items, sofern sich solche Ände-
rungen mit dem Replikationsanspruch der Studie in Einklang bringen
ließen.

*Erinnern wir uns an das Beispiel aus dem letzten Abschnitt: Einige Be-
fragte hatten bei der Beurteilung der Wichtigkeit von Lebensbereichen
Schwierigkeiten, das Item "Freizeit und Sport" als Einheit zu verstehen,
bzw. sie haben die beiden Aspekte einzeln bewertet. Dieses Ergebnis
der qualitativen Pretest-Analyse führte zur Modifikation dieses Items,
das in der Hauptstudie dann "Freizeit und Erholung" hieß.*

Eine Reihe anderer Modifikationen oder Streichungen aufgrund der qualitativen Pretest-Analyse ließen sich anführen; auch kam es an einigen
Stellen zur Änderung der Fragenabfolge, weil Einflüsse der Fragensukzession vermutet wurden und nicht ausgeschlossen werden konnten.
Darüber hinaus führte die qualitative Pretest-Analyse zu konkreten Angaben über den Zeitbedarf umfangreicherer Fragen oder Fragenkomplexe;
mit Hilfe dieser Angaben konnte der Fragebogen für die Hauptstudie so
geplant werden, daß er die angestrebte durchschnittliche Befragungs-
dauer von 60 Minuten erreichen würde.

Teilweise auf einer anderen als der mit der Pretest-Analyse abgedeck-
ten methodisch-technischen Ebene, nämlich auf inhaltlich-theoretischer

Ebene bewegten sich Argumente, mit denen auf den beschlußfassenden Antragsteller- und Beirats-Konferenzen Einfluß auf die Gestaltung des Fragenprogramms genommen wurde. Zum Teil traten hier sogar Widersprüche zu den Ergebnissen der Pretestanalysen auf, etwa wenn diese Ergebnisse eine Streichung bestimmter Items (z.B. wegen extrem schiefer Verteilung) nahegelegt hätten, ein solches Vorgehen aber die Qualität des gesamten Instruments in Frage gestellt hätte.

So trat z.B. bei der Frage nach der Wichtigkeit von Lebensbereichen für das Item "Eigene Familie und Kinder" eine extrem schiefe Verteilung auf, d.h. dieser Lebensbereich wurde durchweg als sehr wichtig erachtet. Eine Streichung dieses Items, wie sie bei rein methodischer Argumentation konsequenterweise hätte vorgenommen werden müssen, hätte aber die theoretische Qualität der gesamten Frage nicht nur geschwächt, sondern diese Frage überhaupt sinnlos werden lassen.

Alles in allem erwies sich die Auswahl des Fragenprogramms für den ALLBUS 1980 als ein Kompromiß zwischen methodischen und inhaltlichen Gesichtspunkten. Die Ergebnisse der Pretest-Analysen haben ebenso ihren Beitrag geleistet wie die inhaltlichen Argumente der beteiligten Wissenschaftler. Schließlich, auch dies sollte nicht verschwiegen werden, ist ein Fragenprogramm, an dessen Zustandekommen so viele Personen beteiligt sind, wie es beim ALLBUS 1980 der Fall war, auch nicht unbeeinflußt von Interessenlagen und Interessendurchsetzungsfähigkeit der Beteiligten.

3.1.3 Die Hauptstudie

Wie bei der Darstellung des Pretests soll auch bei der Beschreibung der Hauptstudie zum ALLBUS 1980 das Augenmerk zunächst auf die Entstehung des Fragenprogramms und des Fragebogens gerichtet sein. Dabei werden auch das "Kontaktprotokoll" und das "Eigeninterview der Interviewer" als Teile des gesamten Erhebungsinstruments behandelt. Der letzte Abschnitt bleibt für die Darstellung des Stichprobenverfahrens und der Feldphase.

3.1.3.1 Fragenprogramm und Fragebogen

Wenngleich ursprünglich geplant war, beim ALLBUS 1980 nicht von der Konzeption einer Mehrthemenbefragung mit jeweils relativ wenigen Fragen zu mehreren inhaltlichen Bereichen ohne thematische Schwerpunktbildung abzuweichen, hatten sich im Verlauf der Entwicklung des Fragenprogramms doch einige Themenbereiche deutlicher abgezeichnet als andere. Der Grund hierfür ist zu sehen in der Ausrichtung der deutschen empirischen Sozialforschung: Da der ALLBUS seiner Intention nach aus Fragen zusammengesetzt sein sollte, die bereits in repräsentativen sozialwissenschaftlichen Bevölkerungsumfragen in der Bundesrepublik erhoben worden waren, gewannen eher "traditionelle" Themenbereiche wie Arbeit und Beruf, Familie und Politik an Gewicht. Noch relativ umfangreich gestalteten sich der Bereich "Interaktion", in dem Fragen zum Freundes- und Bekanntenkreis enthalten waren, und ein Bereich mit Fragen zur Wahrnehmung sozialer Ungleichheit. Einen Überblick über die Variablen des ALLBUS 1980 bietet Schema 3 (s. Seite 72/73).

Die Umsetzung dieses Fragenprogramms in einen Fragebogen war, angesichts der beträchtlichen Vorarbeiten, die bei der Konstruktion des Pretestfragebogens geleistet worden waren, eher unproblematisch, insbesondere konnten Probleme der Filterführung bereits im wesentlichen als gelöst vorausgesetzt werden.

Der Fragebogen zum ALLBUS bestand aus zwei großen Teilen, dem "Einstellungsteil" und dem "Statistikteil". Der Einstellungsteil enthielt im wesentlichen im weitesten Sinne als Einstellungsfragen zu bezeichnende Fragen, sozialstatistische Fragen hingegen nur dort, wo es der Fragebogenablauf erforderlich machte. Der Statistikteil, wie gesagt die erweiterte ZUMA-Standarddemographie, enthielt umgekehrt nur einige wenige Einstellungsfragen bzw. Fragen über Erwartungen der Befragten an die Zukunft, welche im Interesse einer sinnvollen Sukzession nicht im Einstellungsteil untergebracht worden waren.

Insgesamt bestand der Fragebogen aus 81 Fragen, die zumeist in sich selbst untergliedert waren bzw. mehrere Items umfaßten, davon 46 S-

("Standarddemographie" - bzw. Statistik-)Fragen. Da diese S-Fragen i.d.R.
relativ kurz und einfach und z.T. nur von Teilen der Stichprobe (z.B.
von Verheirateten, von Arbeitnehmern u.ä.) zu beantworten waren, erwies
sich der Einstellungsteil, absichts- und erwartungsgemäß, als der sub-
stantiell deutlich umfangreichere der beiden Fragebogenteile.

Dem Fragebogen gehörten abschließend einige Fragen an, die vom Interviewer selbst zu beantworten waren und die sich mit der Interviewsituation (Anwesenheit und Eingriffe Dritter), der Bewertung der Befragungsperson nach Bereitwilligkeit und Zuverlässigkeit der Angaben sowie mit
der Dauer des Interviews befaßten.

3.1.3.2 Interviewer-Eigeninterview

Um Aussagen zu ermöglichen über die sozialstrukturelle Verteilung der
Interviewer, aber auch über deren Einstellungen, war von ZUMA und GETAS
gemeinsam ein Interviewer-Eigeninterview konstruiert worden. Dieses Eigeninterview erfaßte demographische Variablen des Interviewers und seines Ehepartners (Geschlecht, Geburtsjahr, Familienstand, Konfession,
Kirchgangshäufigkeit, Schulabschluß, beruflicher Ausbildungsabschluß,
Stellung im Erwerbsleben, berufliche Stellung, Mitgliedschaft in Organisationen, Wohndauer am Wohnort, Wohnstatus, Infrastrukturelle Versorgung, Anzahl der Familienmitglieder) sowie Verhaltensintentionen (Wahlabsicht) und Einstellungen des Interviewers, wobei die vorgelegten
Einstellungsfragen dem Fragebogen der Haupterhebung entnommen worden
waren (Wichtigkeit von Erziehungszielen, politische Issues, Selbsteinstufung auf einer "Oben-Unten-Skala", Parteienbewertung).

Ein solches Interviewer-Eigeninterview kann als ausgesprochen unüblich
angesehen werden, insbesondere auch deshalb, weil es Fragen zum Ehepartner sowie Einstellungsfragen enthielt.

Mit den Informationen des Interviewer-Eigeninterviews sollten vor allem
bessere Möglichkeiten der multivariaten Analyse von Interviewer-Einflüssen auf das Antwortverhalten der Befragten geschaffen werden.

Schema 3: Variablen des ALLBUS 1980

Bereich	Biographie	Status, Betroffenheit, Versorgung, Verhalten
1. Umwelt, Wohnen		Wohneigentum – Wohndauer Ort – Horizontale Mobilität
2. Familie	Geburtsjahr – Heiratsjahre – Scheidungsjahre – Todesjahre Ehepartner	Familienstand – Haushaltsstruktur – Staatsangehörigkeit der HH-Mitglieder – Kinder außerhalb des HH – Verstorbene Kinder
3. Bildung	Schulbesuch – Schulabschluß Vater	Schulabschluß – Schulabschluß Ehepartner
4. Arbeit, Beruf, Einkommen	Berufliche Stellung Vater – Berufliche Tätigkeit Vater – Frühere Erwerbstätigkeit – Letzte berufliche Stellung – Letzte berufliche Tätigkeit	Berufliche Ausbildung – Erwerbstätigkeit – Berufliche Stellung – Berufliche Tätigkeit – Betrieb, Branche – Betrieb, Grösse – Dauer Betriebzugehörigkeit – Arbeitslosigkeit – Dauer Arbeitslosigkeit – Erwerbstätigkeit Ehepartner – Letzte Erwerbstätigkeit Ehepartner – Letzte berufliche Stellung Ehepartner – Letzte berufliche Tätigkeit Ehepartner – Arbeitslosigkeit Ehepartner – Dauer Arbeitslosigkeit Ehepartner – Einkommen – Vermögen – Überwiegender Lebensunterhalt
5. Gruppen, Gruppenzugehörigkeit		Konfession – Konfession Ehepartner – Häufigkeit Kirchgang – Mitgliedschaften – Kontakte zu Gastarbeitern
6. Politik, Verwaltung		Behördenkontakte
7. Ungleichheit		
8. Interaktion		Geschlecht Freunde – Alter Freunde – Freunde und Verwandte – Erwerbstätigkeit Freunde – Berufliche Stellung Freunde – Parteipräferenz Freunde – Bekanntschaft der Freunde
9. Persönlichkeit		

Bereich	Einstellungen ... Wertorientierungen, Wahrnehmungen, Erwartungen, Bewertungen	Gestaltungsnormen	Aktuelle Probleme
1. Umwelt, Wohnen			
2. Familie	Ideale Kinderzahl – Wichtigkeit Familie – Wichtigkeit Verwandtschaft – Konflikte: Leute mit vs. Leute ohne Kinder – Ehe als Institution – Familie als Wert – Erziehungsziele		
3. Bildung			
4. Arbeit, Beruf,- Einkommen	Arbeitsorientierungen – Latente Arbeitslosigkeit – Furcht vor Arbeitslosigkeit – Furcht vor Arbeitslosigkeit des Ehepartners – Wichtigkeit Arbeit und Beruf – Wichtigkeit Freizeit und Erholung – Konflikte: Erwerbstätige vs. Rentner – Konflikte: Kapitalisten vs. Arbeiterklasse		
5. Gruppen, Gruppenzugehörigkeit	Gastarbeiter – Wichtigkeit Religion und Kirche – Konflikte: Gastarbeiter vs. Deutsche – Konflikte: Männer vs. Frauen – Konflikte: Junge vs. Alte		
6. Politik, Verwaltung	Politisches Interesse – Wahlabsicht – Ideologische Orientierung – Einstellungen zur Bürokratie – Wichtigkeit Politik und öffentliches Leben – Konflikte: Linke vs. Rechte – Konflikte: Politiker vs. Bürger – Parteienbewertung	Wohlfahrtsstaat – Politische Ziele – Staatsaufgaben	Kernenergie – Terrorismus – Privatisierung – Abtreibung
7. Ungleichheit	Subjektive Schichteinstufung – Eigene gesellschaftliche Position – Equity – Cleavages – Konflikte: Arme vs. Reiche		
8. Interaktion	Wichtigkeit Freunde und Bekannte		
9. Persönlichkeit	Soziale Wünschbarkeit		

Das Ungewöhnliche dieses Eigeninterviews bewirkte bei der ALLBUS-Gruppe zunächst erhebliche Skepsis hinsichtlich der Bereitschaft der Interviewer, die Fragen auch zu beantworten. Diese Skepsis erwies sich im nachhinein als völlig unangebracht. Von insgesamt 688 potentiellen Interviewern, die Ende 1979 den Fragebogen des Eigeninterviews zugeschickt erhielten, haben nur fünf kein solches Eigeninterview realisiert.

Damit lagen für 683 Personen Ergebnisse des Eigeninterviews vor, wobei 495 von ihnen dann später auch tatsächlich als Interviewer an der Erhebung des ALLBUS 1980 beteiligt waren, davon 434 mit Interview-Erfolg, d.h. mit mindestens einem realisierten Interview in der Haupterhebung.

3.1.3.3 Stichprobenplan und Feldphase

Die Grundgesamtheit der Befragungspersonen für den ALLBUS 1980 umfaßte alle Personen mit deutscher Staatsbürgerschaft, die in der Bundesrepublik und in West-Berlin in Privathaushalten lebten und die spätestens am 1. 1. 1962 geboren waren (also zu Beginn der Feldphase das 18. Lebensjahr vollendet hatten). Als Privathaushalt gilt dabei jede Gemeinschaft von Personen, die zusammen wohnt und gemeinsam wirtschaftete. Die Personen innerhalb eines Privathaushaltes sind also nicht notwendig miteinander verwandt.

Aus dieser Grundgesamtheit wurde eine Zufallsstichprobe gezogen. Das Stichprobenverfahren war dreigestuft:

In der ersten Stufe wurden aus einer sehr großen Hauptstichprobe von Primäreinheiten (= Flächen), dem sog. ADM-(Arbeitskreis Deutscher Marktforschungsinstitute)-Master-Sample, im Jahre 1978 drei systematisch gezogene Unterstichproben jeweils der Größe 210 erstellt. Jede dieser insgesamt 630 Flächen ist ein Stimmbezirk oder eine Zusammenfassung kleinerer Stimmbezirke in der Bundesrepublik und West-Berlin.

In der zweiten Stufe wurden etwa ein halbes Jahr vor Feldbeginn aus jeder der gezogenen 630 Primäreinheiten in uneingeschränkter Zufallsauswahl 8 (erste Unterstichprobe der Größe 210) bzw. 7 (zweite und dritte

Unterstichprobe) Privathaushalte gezogen.

In der dritten Stufe schließlich wurde "vor Ort" in uneingeschränkter Zufallsauswahl aus jedem der ausgewählten und auskunftswilligen Haushalte eine Person als Befragungsperson "gezogen".

Eine schematische Darstellung des dreistufigen Stichprobenplans findet sich in Abbildung 4 (s. Seite 76).

Die Haupterhebung des ALLBUS 1980 wurde von GETAS in der Zeit vom 7. Januar bis 29. Februar 1980 durchgeführt. Bei einer Brutto-Stichprobe von 4620 Haushaltsadressen konnten 3027 Interviews realisiert werden, von denen 2955 ausgewertet werden konnten. Die Ausschöpfung der Stichprobe lag damit bei etwa 69,5% (zur Berechnung des Ausschöpfungsquotienten s. Kap. 3.2.2.3).

3.1.3.4 Kontaktprotokoll

Das Kontaktprotokoll dient zur Dokumentation des Weges von den ausgewählten Haushalten (Stufe 2 des Stichprobenplans) zu den auszuwählenden Befragungspersonen (Stufe 3 des Stichprobenplans). Nach Stufe 2 des Stichprobenplans liegen ja zunächst nur Haushaltsadressen vor; die zu befragenden Personen selbst sind hingegen noch nicht bekannt. Die Bestimmung der Ziel- oder Befragungspersonen, also die Realisierung der Stufe 3 des Stichprobenplans, obliegt bei diesem Verfahren dem Interviewer.

Der Interviewer erhält dazu eine Liste von Haushaltsadressen, die er ausfindig machen muß, um je eine Person jedes Haushalts zu befragen. Das heißt, der erste Schritt der Kontaktaufnahme besteht im Auffinden der angegebenen Haushaltsadresse. Ist das gelungen, muß der Interviewer mit einer beliebigen Person dieses Haushaltes Kontakt aufnehmen und sie um eine Auflistung aller Personen des betreffenden Haushaltes bitten, die zur definierten Grundgesamtheit gehören. Diese Person wird als "Auskunftsperson" bezeichnet. Erklärt sich die Auskunftsperson bereit, eine solche Auflistung vorzunehmen und liegt die Liste der für die Befragung

Abbildung 4: <u>Schematische Darstellung der Stichprobenziehung</u>

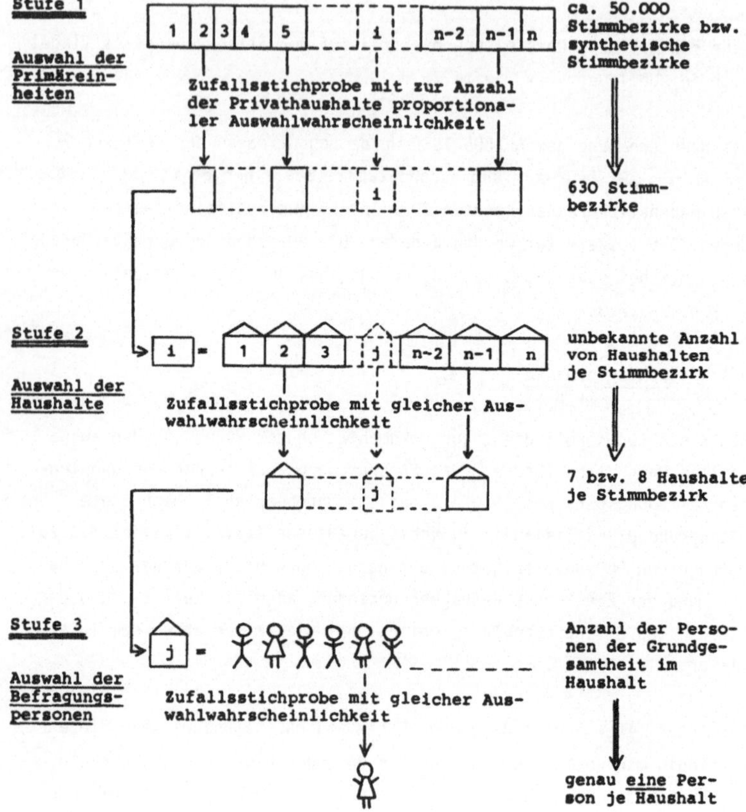

in Frage kommenden Haushaltsmitglieder dann vor, wählt der Interviewer
nach einem vorher genau festgelegten Verfahren diejenige Person des Haushalts aus, die er befragen wird. Diese Person ist die sog. "Zielperson"
oder "Befragungsperson".

Mit Hilfe des Kontaktprotokolls sollen Informationen gewonnen werden
über das Auffinden der Zielhaushalte und der Zielpersonen, aber vor allem
sollen auch die Gründe dafür spezifiziert werden, warum geplante Interviews nicht zustandekommen konnten. Man unterscheidet dabei im allgemeinen zwischen zwei Arten solcher "Ausfälle", nämlich zwischen stichprobenneutralen und nicht-stichprobenneutralen Ausfällen.

Stichprobenneutrale Ausfälle gehen auf Fehler in der Adressenliste zurück, welche der Interviewer bei Feldbeginn erhalten hat (z.B. nicht
existierende Adresse, kein Privathaushalt o.ä.). Nicht-stichprobenneu-
trale Ausfälle hingegen liegen dann vor, wenn der Interviewer zwar den
Haushalt richtig aufgefunden hat, dort aber kein Interview realisieren
konnte (Verweigerung einer Auflistung, Verweigerung des Interviews o.ä.).

Mit dem Kontaktprotokoll soll eine genaue Rekonstruktion des Feldver-
laufes und eine Bewertung der Güte der Stichprobe ermöglicht werden.

Das Kontaktprotokoll des ALLBUS 1980 enthielt zusätzlich Fragen zum
Wohnort (Ortstyp) und der Wohngegend (Typ, Qualität), in welcher sich
der Zielhaushalt befindet, und zu dem Gebäude, in welchem der Zielhaushalt untergebracht ist, sowie Fragen zu Geschlecht und Alter der Aus-
kunfts- wie der Zielperson. Alle diese Informationen sind vom Interviewer auch für diejenigen Zielhaushalte zu ermitteln, in denen kein
Interview zustande gekommen ist (sofern die entsprechenden Fragen dann
überhaupt zu beantworten sind).

Sehen wir uns nun am Beispiel des ALLBUS 1980 an, wie ein solches Kontaktprotokoll aussehen könnte (wobei wir allerdings auf die gerade an-
geprochene sog. "Wohnquartiersbeschreibung" nicht mehr eingehen
werden). Das eigentliche Kontaktprotokoll dreht sich im wesentlichen
um drei zentrale Fragestellungen (vgl. Abb. 5, Seite 78/79):

Abbildung 5: <u>Kontaktprotokoll zum ALLBUS 1980 (Auszug)</u>

INTERVIEWER – NR.: [ ][ ][ ][ ]

K O N T A K T P R O T O K O L L	INT.: ALLE KONTAKTE EINTRAGEN! DURCHFÜHRUNG ODER AUSFALL-GRÜNDE IN ENTSPRECHENDER REIHE EINKREISEN		
	1. Besuch	2. Besuch	3. Besuch
Point-Nr. [ ][ ][ ][ ][ ][ ][ ][ ][ ]	Datum:	Datum:	Datum:
lfd. Nr. [ ][ ]	Uhrzeit:	Uhrzeit:	Uhrzeit:
A Zielhaushalt aufgefunden? nein [ ] ja [ ] ——————→weiter mit B			
Zielhaushalt nicht aufgefunden weil ... Die angegebene Straße war nicht auffindbar	1	1	1
Die Hausnummer war nicht auffindbar	2	2	2
Die angegebene Wohnung ist z. Zt. nicht bewohnt a) laut Auskunft von Dritten b) nach eigener Feststellung	3 4	3 4	3 4
An angegebener Adresse gibt es keinen Privathaushalt (z.B. reines Geschäftshaus, Krankenhaus, o.ä.)	5	5	5
B Haushaltsmitglieder im Zielhaushalt einzeln aufgelistet	1. Besuch	2. Besuch	3. Besuch
nein [ ] ja [ ] ——————→weiter mit C Zielhaushalt aufgefunden, aber Haushaltsmitglieder nicht einzeln aufgelistet weil ... Keine Auskunftsperson angetroffen	1	1	1
Angetroffene Person verweigert die Auskünft über die Personen im Haushalt. Begründung:	---------2	---------2	---------2
Im Zielhaushalt waren aus sonstigen Gründen keine bzw. nur unvollständige Auskünfte über die Perso- nen im Haushalt zu erhalten, weil ...	---------3	---------3	---------3

C Interview durchgeführt?

nein [ ]   ja [ ] → | S. 3 ausfüllen, dann Kontaktp. zu Interview |

Interview nicht durchgeführt weil ...

	1. Besuch	2. Besuch	3. Besuch
Im Haushalt leben nur Ausländer bzw. nur Deutsche unter 18 Jahren	01	02	03
Die Zielperson ist wegen Urlaub, Krankenhausaufenthalt usw. längere Zeit abwesend, wieder erreichbar ab	02	02	02
Die Zielperson war beim Kontaktversuch nicht anwesend, ist aber in nächster Zeit erreichbar	03	03	03
Die Zielperson ist vorübergehend krank, kann erst wieder interviewt werden ab ...	04	04	04
Die Zielperson ist dauerhaft krank, oder geistig behindert und daher befragungsunfähig	05	05	05
Der Kontakt zur Zielperson wurde durch andere Personen verhindert	06	06	06
Das Interview wurde trotz Anwesenheit der Zielperson durch andere Personen verhindert	07	07	07
Das Interview wurde wegen Eingreifen einer anderen Person abgbrochen	08	08	08
Die Zielperson verweigert das Interview. Begründung:	09	09	09
Die Zielperson brach das Interview ab. Begründung	10	10	10
Sonstige Ausfallgründe, welche?	11	11	11

1. Wurde der Zielhaushalt aufgefunden? Warum nicht?

2. Wurden die Haushaltsmitglieder im Zielhaushalt einzeln aufgelistet? Warum nicht?

3. Wurde das Interview vollständig durchgeführt? Warum nicht?

Verläuft die Kontaktaufnahme beim ersten Versuch positiv, kommt es also bereits beim ersten Versuch zum Interview, beantwortet der Interviewer die drei Fragen A, B und C des Kontaktprotokolls mit "Ja" und dem Kontaktprotokoll ist Genüge getan. Ansonsten gibt es eine Reihe von Abläufen bzw. Ablaufkombinationen der Kontaktaufnahme, wie z.B. "Zielhaushalt nicht gefunden", "Zielhaushalt aufgefunden/Haushaltsmitglieder nicht aufgelistet" oder "Zielhaushalt gefunden/Haushaltsmitglieder aufgelistet/Interview nicht durchgeführt". Wichtig ist, daß der Interviewer in jedem Falle bei allen Fragen, die er nicht mit "Ja" beantworten kann, genau festhält, warum er keinen Erfolg hatte (warum der Zielhaushalt nicht aufgefunden wurde, warum die Auflistung der Personen im Haushalt nicht zustandegekommen ist, warum das Interview nicht durchgeführt wurde). Insgesamt sah das Kontaktprotokoll zum ALLBUS 1980 6 Besuche pro Zielhaushalt vor. Erst wenn nach diesen 6 Besuchen noch immer kein Interview zustandegekommen war, wurde der Zielhaushalt als nicht interviewbar zurückgenommen.

3.2 Methodenprobleme

Im Zusammenhang mit der Vorbereitung und Durchführung des ALLBUS 1980 und mit der Aufbereitung seiner Daten sind eine Reihe methodischer Fragen und Probleme aufgetreten; sie werden hier wiederum sowohl aus eher allgemeinerer Perspektive als auch konkret im Zusammenhang mit dem ALLBUS 1980 diskutiert.

Zunächst stellt sich für alle Instrumente eines Fragebogens (Fragen, Skalen, etc.) die Frage nach ihrer methodischen Qualität, insbesondere nach ihrer Zuverlässigkeit und Gültigkeit. Als Probleme der Stichprobe ergeben sich in der Vorbereitungsphase die Frage nach der Repräsentativität der Stichprobe für die Grundgesamtheit, bei der Durchführung die Frage nach der Ausschöpfung der Stichprobe und bei der Auswertung die

Frage nach der Gewichtung der Ergebnisse. Dem Auffinden und Korrigieren
von Datenfehlern (z.B. Verkodungsfehler, fehlende Werte usw.) dienen
verschiedene Verfahren der Datenbereinigung.

3.2.1 Methodische Qualität der Instrumente

Die methodische Qualität eines Meßinstruments (also z.B. einer Frage
oder einer Skala) bestimmt sich im wesentlichen über seine Zuverlässigkeit und seine Gültigkeit. Das Konzept der Gültigkeit beschäftigt sich
mit der Frage, ob und inwieweit ein Meßinstrument tatsächlich mißt, was
es eigentlich messen soll; Zuverlässigkeit bezieht sich auf die Stabilität des Instruments über die Zeit bzw. über unterschiedliche Anwender.

3.2.1.1 Zuverlässigkeit

Das Konzept der Zuverlässigkeit oder Reliabilität entstammt der klassischen Testtheorie (L o r d und N o w i c k 1968) und setzt sich mit
der Stabilität und Genauigkeit von Messungen sowie der Konsistenz von
Meßbedingungen auseinander. Oder anders ausgedrückt: Reliabilität fragt
nach der "Intersubjektivität der Messungen" (Von A l e m a n n
1977, Seite 85).

Reliabilität ist definiert als die quadrierte Korrelation ρ_{xt}^{2} zwischen
den gemessenen (x) und den wahren (t) Werten von Variablen. Aus der
Gleichung

$$\rho_{xt}^{2} = \frac{\sigma_{t}^{2}}{\sigma_{x}^{2}} \tag{1}$$

ist zu erkennen, daß Reliabilität ein Maß ist für das Verhältnis der
Varianz der wahren Werte (σ_{t}^{2}) zur Varianz der gemessenen Werte (σ_{x}^{2}).

Aus der Gleichung

$$\rho_{xt}^{2} = \frac{\sigma_{t}^{2}}{\sigma_{x}^{2}} = 1 - \frac{\sigma_{e}^{2}}{\sigma_{x}^{2}} \tag{2}$$

ist zu sehen, daß die Reliabilität den Wert 1 annimmt, wenn die Varianz der Meßfehler (σ_e^2) Null ist, und daß die Reliabilität den Wert 0 annimmt, wenn die Varianz der Meßfehler (σ_e^2) gleich der Varianz der gemessenen Werte (σ_x^2) ist. Da $\sigma_x^2 \geq \sigma_e^2$ gilt, daß die Reliabilitätskoeffizienten einen Wert $0 \leq \rho_{xt}^2 \leq 1$ annehmen können (siehe hierzu L o r d und N o v i c k 1974, Seite 61; für die Herleitung von Gleichung (2) aus (1) ebenda, Seite 56ff).

Ein hoher Reliabilitätskoeffizient bedeutet dann, daß die gemessenen Werte hoch mit den wahren Werten korrelieren, oder gleichbedeutend: daß nur geringe Meßfehler aufgetreten sind (L o r d und N o v i c k 1974, Seite 199).

Erst wenn die Zuverlässigkeit eines Meßinstruments festgestellt ist (ein Überblick über gängige Verfahren findet sich z.B. bei F r i e d - r i c h s 1973, Seite 102), wird die Frage nach seiner Gültigkeit gestellt. Reliabilität ist "eine notwendige, aber keine hinreichende Bedingung für die Gültigkeit oder Validität einer Methode oder eines Meßinstruments" (K a r m a s i n und K a r m a s i n 1977, Seite 141).

3.2.1.2 <u>Gültigkeit</u>

Mit dem Begriff "<u>Gültigkeit</u>" oder "<u>Validität</u>" ist die Frage verbunden, ob ein Meßinstrument tatsächlich mißt, was es messen soll. Validität ist also "ein Ausdruck für die Angemessenheit der Operationalisierung eines Begriffs" (Von A l e m a n n 1977, Seite 85) oder einer Variablen. Während sich Reliabilität bezieht auf die "methodologisch-forschungstechnische Stimmigkeit" eines Instruments, zielt Validität ab auf die "inhaltliche Stimmigkeit des Instrumentariums" (ebenda).

Zur Überprüfung der Validität eines Meßinstruments bieten sich im wesentlichen vier Verfahren an (s. dazu F r i e d r i c h s 1973, Seite 101f oder Von A l e m a n n 1977, Seite 87):

1. Validierung anhand eines <u>Außenkriteriums</u> (externe Gültigkeit)
2. Validierung anhand <u>vorliegender Werte</u> (prognostische Gültigkeit)

3. Validierung anhand eines <u>Vergleichs von Extremgruppen</u> (Extremgruppen-
   vergleich)
4. Validierung anhand <u>theoretischer Überlegungen</u> (Konstrukt-Validität).

Zu 1: <u>Externe Gültigkeit</u>: Überprüfen eines Meßinstruments anhand eines
      externen Kriteriums, von dem man weiß, daß es in sehr enger Be-
      ziehung steht zu dem Merkmal, das das Meßinstrument messen soll.
      Voraussetzung: Wissen oder Hypothesen über die Ähnlichkeit von
      Meßinstrument und externem Kriterium.

Zu 2: <u>Prognostische Gültigkeit</u>: Ableitung und Überprüfung einer Progno-
      se für zukünftige Einstellungen oder Verhaltensweisen auf der
      Grundlage der Kenntnis früherer Skalenwerte oder Prognose aufgrund
      der Kenntnis über die Zuordnung zu anderen Skalen (weiß man z.B.,
      wie Personen die Wichtigkeit bestimmter Erziehungsziele beurteilen,
      kann man auf ihre Antworten hinsichtlich der Wichtigkeit bestimm-
      ter Merkmale beruflicher Arbeit schließen). Voraussetzung: Wissen
      oder Hypothesen über Zusammenhänge zwischen Skalen.

Zu 3: <u>Extremgruppenvergleich</u>: Überprüfung eines Meßinstruments an zwei
      unterschiedlichen Teilstichproben, von denen man erwartet, daß sie
      extrem unterschiedlich auf bestimmte Meßinstrumente reagieren.
      Treten die erwarteten Unterschiede tatsächlich auf, kann dies als
      Kriterium für die Validität des Meßinstruments gelten. Voraus-
      setzung: Wissen oder Hypothesen über die Unterschiedlichkeit von
      Subgruppen und daraus resultierende Konsequenzen.

Zu 4: <u>Konstrukt-Validität</u>: Überprüfung einer Skala durch Verwendung vor-
      handener Hypothesen oder durch Formulierung neuer Hypothesen in-
      nerhalb eines theoretischen Bezugsrahmens. Konstrukt-Validität ist
      "methodologisch eine Prüfung für Angemessenheit der operationalen
      Definition eines Begriffs" (F r i e d r i c h s 1973, Seite 102).
      Voraussetzung: Existenz einer entsprechenden Theorie bzw. entspre-
      chender Hypothesen.

3.2.1.3 Anmerkungen zur methodischen Qualität der ALLBUS-Instrumente

Reliabilitäts- und Validitäts-Überprüfungen als Zeugen für die methodische Qualität von Meßinstrumenten werden allzuoft überhaupt nicht durchgeführt, zumindest werden ihre Ergebnisse sehr oft nicht publiziert. So fehlten praktisch bei allen Instrumenten des ALLBUS 1980 Angaben über die Reliabilität und Validität, was zunächst eine gewisse Unsicherheit über ihre methodische Qualität hervorrief, die reduziert werden konnte über Kriterien wie "augenscheinliche Validität" und "augenscheinliche Reliabilität", aber auch durch Kriterien wie Stand der inhaltlichen und methodischen Diskussion der Instrumente, Grad der Verwendung der Skala oder des Meßinstruments in der Profession oder auch Expertenvoten.

Im nachhinein zeigte sich bei einer Reihe von Itembatterien, daß sich diese Kriterien bewährt haben, wenngleich nicht verschwiegen werden sollte, daß die Reliabilitäts-Überprüfung bestimmter Batterien deutlich gegen deren Verwendung gesprochen hätte, hätte man die entsprechenden Werte bereits bei der Fragebogenkonstruktion gekannt.

Wir wollen dies anhand einiger Reliabilitätsberechnungen aufzeigen. Vorausgesetzt werden muß, daß die Reliabilitäten über den Koeffizienten C r o n b a c h 's Alpha berechnet werden nach der Formel

$$\alpha = \frac{1}{k-1} \left(\cdot \frac{1 - \sum\limits_{i=1}^{k} s_i^2}{s_t^2} \right)$$

wobei s_i^2 *die Varianz der Einzelitems,* s_t^2 *die Varianz über alle k Items einer Itembatterie ist.*

Die Ergebnisse der Reliabilitätsberechnungen für Itembatterien des ALLBUS 1980 sind in Tabelle 1 zusammengefaßt.

Tabelle 1: <u>Reliabilitäten ausgewählter Itembatterien des ALLBUS 1980</u>

<u>Variablen</u>			<u>Itembatterien</u>	<u>Alpha</u>
V	9 - V	15	Wichtigkeit von Lebensbereichen	.59474
V	16 - V	25	Arbeitsorientierungen	.85350
V	29 - V	37	Erziehungsziele	.84371
V	78 - V	83	Einstellungen zu Behörden	.71242
V	90 - V	100	Wahrnehmung von Konfliktgruppen	.83484
V	101 - V	104	Einstellungen zu Gastarbeitern	.76586
V	115 - V	118	Politische Issues	.28554
V	128 - V	131	Soziale Wünschbarkeit	.34170

*Die Reliabilitätskoeffizienten der Itembatterien "Politische Issues"
und "Soziale Wünschbarkeit" müssen als sehr niedrig gelten. Dagegen
sprechen Reliabilitätskoeffzienten von ca. .80, wie bei den Itembatterien "Arbeitsorientierungen", "Erziehungsziele", "Wahrnehmung von Konfliktgruppen" und "Einstellungen zu Gastarbeitern", für eine hohe Konsistenz des Antwortverhaltens hinsichtlich der Items dieser Batterien.*

Konsequenz dieser Überlegungen sollte die Forderung sein, Reliabilitäts-
und Validitätsüberprüfungen nicht nur vorzunehmen, sondern die Verfahren zur Berechnung der Reliabilität und zur Ermittlung der Validität
offenzulegen und die Ergebnisse zu publizieren.

3.2.2 Probleme der Stichprobe

Als Probleme, die im Zusammenhang mit der Stichprobe auftreten können
bzw. beim ALLBUS 1980 auch aufgetreten sind, sind vor allem zu nennen
die Frage nach der Repräsentativität der Stichprobe für die Grundgesamtheit, die Frage nach der Ausschöpfung der Stichprobe und die Frage nach
der Gewichtung der erhobenen Daten (allgemein dazu u.a. C o c h r a n
1972, K i s h 1965, H a n s e n , H u r w i t z und M a d o w
1953; mit speziellem Bezug zum ALLBUS 1980: K i r s c h n e r 1984).

Zunächst soll allerdings die Realisierung der Stichprobe, also die Um-

setzung des Stichprobenplans für den ALLBUS 1980, kurz beschrieben werden.

3.2.2.1 Realisierung der Stichprobe

An anderer Stelle wurde bereits darauf hingewiesen, daß die Grundgesamtheit der Befragungspersonen für den ALLBUS 1980 alle Personen mit deutscher Staatsbürgerschaft umfaßte, die in der Bundesrepublik und West-
Berlin in Privathaushalten lebten und spätestens am 1. 1. 1962 geboren
waren. Aus dieser Grundgesamtheit wurde eine Zufallsstichprobe gezogen.
Das Stichprobenverfahren war dreistufig: In der ersten Stufe wurden die
Primäreinheiten (Flächen), in der zweiten Stufe die Haushalte und in
der dritten Stufe die Befragungspersonen ermittelt.

Diesem bei kommerziellen Markt- und Meinungsforschungsinstituten weit
verbreitetem dreistufigen Stichprobenplan liegt das sog. "ADM-(Arbeitskreis Deutscher Marktforschungsinstitute)-Master-Sample" zugrunde (vgl.
hierzu: ADM, Hrsg., 1979).

Ausgehend von der Stimmbezirkseinteilung des Bundesgebietes bzw. West-
Berlins bei der Bundestagswahl 1976 bzw. der Wahl des Berliner Abgeord-
netenhauses 1975 wurde als Auswahlgrundlage für das ADM-Master-Sample
eine Datei von Primäreinheiten erstellt, deren Fälle Stimmbezirke bzw.
"synthetische Stimmbezirke" waren (wobei synthetische Stimmbezirke
Zusammenfassungen kleinerer benachbarter Stimmbezirke sind). Diese Datei bestand aus ca. 50.000 Primäreinheiten mit jeweils mindestens 400
wahlberechtigten Personen. Sie war nach Bundesländern, Regierungsbezir-
ken, Kreisen und Gemeindegrößenklassen geschichtet.

Für jede dieser Primäreinheiten wurde ein Bedeutungsgewicht zur Schätzung der Anzahl der Privathaushalte pro Primäreinheit konstruiert. Dieses Gewicht ist für jede Gemeinde direkt proportional zur Anzahl der
Wahlberechtigten in der Primäreinheit.

Im Jahre 1978 wurde aus der so vorbereiteten Datei eine Hauptstichprobe
(Master-Sample) von Primäreinheiten systematisch gezogen, und zwar so,

daß die Wahrscheinlichkeit für eine Primäreinheit, in die Stichprobe zu
gelangen, proportional zu ihrem Bedeutungsgewicht war. D.h. Primäreinheiten mit vielen Privathaushalten gelangten mit größerer Wahrscheinlichkeit in die Hauptstichprobe als Primäreinheiten mit einer geringeren
Zahl von Privathaushalten.

Aus diesem ADM-Master-Sample wurden dann systematisch Unterstichproben
(= "Netze") der Größe 210 gezogen, d.h. je 210 Stimmbezirke bzw. synthetische Stimmbezirke wurden zu einer Unterstichprobe zusammengefaßt.
Drei dieser Netze bildeten die erste Stufe der Stichprobe für den ALLBUS
1980.

Von keiner dieser insgesamt 630 Primäreinheiten stand dem Befragungsin-
stitut zum Zeitpunkt der Befragung des ALLBUS eine Liste aller Privathaushalte zur Verfügung, aus der die Zielhaushalte hätten per Zufall
ausgewählt werden können. Die Auswahl dieser Zielhaushalte konnte nur
"vor Ort" erfolgen.

Dazu wurde pro Primäreinheit auf einen Adressenpool von Haushaltsadressen zurückgegriffen, der vom Institut unabhängig von einer bestimmten
Untersuchung etwa ein halbes Jahr vor Feldbeginn des ALLBUS 1980 angelegt worden war.

Im einzelnen hatte das Institut Mitte 1979 pro Primäreinheit jeweils
von einer bestimmten Adresse ausgehend 200 Privathaushalte aufgelistet,
wobei nur die erste Adresse festgelegt war, die folgenden durch Begehung
einer zufällig festgelegten Wegstrecke ermittelt wurden. Dieses Verfahren bezeichnet man dementsprechend als "random route"-Verfahren. Durch
eine detaillierte Anweisung an die Begehungsperson wurde sichergestellt,
daß nur Privathaushalte, also Personengemeinschaften, die zusammen wohnen und zusammen wirtschaften (aber nicht unbedingt miteinander verwandt
sein müssen), aufgelistet wurden, nicht aber Anstaltshaushalte, Arzt-
praxen, Anwaltskanzleien oder andere Nicht-Privathaushalte.

Diesem Adressenpool wurden für den ALLBUS 1980 dann pro Primäreinheit
systematisch 7 bzw. 8 Adressen entnommen, deren Gesamtheit eine Haus-

haltsstichprobe der Brutto-Größe 4.620 darstellte.

Diese Haushaltsadressen wurden zu Beginn der Feldzeit an die Interviewer
ausgegeben. Für jede Adresse war vom Institut ein Schema von Zufallszah-
len, der sog. "Schwedenschlüssel" beigefügt worden, das dem Interviewer
nach Auflistung aller Personen der Grundgesamtheit im Haushalt gestatte-
te, in uneingeschränkter Zufallsauswahl aus diesen genau eine als Befragungsperson auszuwählen, wobei der Interviewer selbst keinen Einfluß
auf die Auswahl der Befragungsperson hatte. Die Auswahlchance einer
Person in einem Haushalt mit i Personen der Grundgesamtheit war dabei
1/i, d.h. je mehr Personen der Grundgesamtheit dem Haushalt angehörten,
desto geringer war die Chance jeder einzelnen von ihnen, als Befragungsperson ausgewählt zu werden.

3.2.2.2 Repräsentativität

Die Erkenntnis, schreibt H. Von A l e m a n n (1977, Seite 90),
"daß man von einer relativ kleinen Zufallsauswahl auf eine Grundgesamtheit schließen kann, hat, daran kann kein Zweifel sein, die sozialwissenschaftliche Forschung revolutioniert, denn erst so wurde die Voraussetzung dafür geschaffen, ohne übermäßigen Kostenaufwand sichere Aussagen über große Grundgesamtheiten machen zu können".

Will man, wie mit dem ALLBUS, Daten gewinnen, aus denen Aussagen über soziodemographische Verteilungen und Einstellungen einer ganzen, der bundesdeutschen, Gesellschaft abgeleitet werden sollen, hätte man im Prinzip
alle Mitglieder ihrer Bevölkerung zu befragen. Eine Totalerhebung dieses
Ausmaßes ist natürlich praktisch unmöglich.

Demzufolge definiert man eine Grundgesamtheit, der alle potentiellen
Befragungseinheiten angehören, und wählt aus dieser Grundgesamtheit
eine überschaubare Anzahl von Befragungspersonen aus, wobei man unterschiedliche Auswahlverfahren anwenden kann. Die Stichprobe für den
ALLBUS wurde über eine Zufallsauswahl ermittelt (für den Pretest, wie
wir uns erinnern, über eine nicht-zufällige, sog. Quoten-Auswahl).

Eine solche Stichprobe muß (nach F r i e d r i c h s 1973, Seite 125)
die folgenden vier Voraussetzungen erfüllen:

1. Sie muß "ein verkleinertes Abbild der Grundgesamtheit hinsichtlich
   der Heterogenität der Elemente und hinsichtlich der Repräsentativität
   der für die Hypothesenprüfung relevanten Variablen sein".

2. "Die Einheiten oder Elemente der Stichprobe müssen definiert sein."

3. "Die Grundgesamtheit sollte angebbar und empirisch definierbar sein."

4. Das Auswahlverfahren muß angebbar sein und den unter 1. genannten
   Kriterien entsprechen.

Hier interessiert vor allem der erste der vier genannten Punkte: Die
Stichprobe muß, wie etwa auch C l a u s s und E b n e r (1977, S.
179) betonen, "ein verkleinertes, möglichst wahrheitsgetreues Abbild
der Grundgesamtheit" darstellen.

Als Basis für die Datengewinnung des ALLBUS sollte eine Zufallsstichprobe von Personen bereitgestellt werden. Idealerweise wäre diese eine
"Momentaufnahme" aus der Menge aller zu einem bestimmten Zeitpunkt mindestens 18-jährigen Personen mit deutscher Staatsangehörigkeit in der
Bundesrepublik und West-Berlin gewesen. Da aber eine solche Untersuchung
weder an einem Tage durchgeführt werden kann, noch Personen, die in
Anstalten leben, mit den anerkannten Stichprobenverfahren erfaßt werden
können, wurde die Grundgesamtheit für den ALLBUS folgendermaßen definiert:

*Alle Personen mit deutscher Staatsbürgerschaft, die in der Bundesrepu-
blik und West-Berlin in Privathaushalten leben und spätestens am 1.
Januar 1962 geboren wurden (wobei als Privathaushalt jede Gemeinschaft
von Personen gilt, die zusammen wohnen und gemeinsam wirtschaften, ohne
notwendigerweise auch miteinander verwandt sein zu müssen).*

Berücksichtigt man, daß die Feldzeit für den ALLBUS 1980 zwischen dem

7. Januar und dem 29. Februar 1980 lag, kommt diese Definition der Grundgesamtheit der idealen Zielpopulation offenbar hinreichend nahe, natürlich mit der Einschränkung, daß die Anstaltsbevölkerung nicht erfaßt wurde.

Der Brutto-Stichprobenansatz ist theoretisch angelegt auf eine ideale, für die Grundgesamtheit völlig repräsentative Stichprobe hin, d.h. könnten alle Interviews realisiert werden, stellte die Stichprobe tatsächlich das ideale, verkleinerte Spiegelbild der Grundgesamtheit dar. In der Regel, so auch beim ALLBUS, läßt sich bei großen Stichproben der Brutto-Stichprobenansatz nicht realisieren, weil bestimmte Personengruppen der Grundgesamtheit nicht oder nur sehr schwer (z.B. wegen hoher Mobilität, hohen Alters, längerem Auslandsaufenthalt) durch Interviewer zu erreichen sind. Hier treten praktisch immer disproportionale, relativ zum tatsächlichen (oder als tatsächlich behaupteten) Anteil dieser Personengruppen an der Grundgesamtheit ungewöhnlich hohe Ausfälle auf, zu deren "Korrektur" nach der Datenerhebung Gewichtungsfaktoren konstruiert werden.

Über die Repräsentativität einer Stichprobe für die Grundgesamtheit lassen sich im Nachhinein dann Aussagen treffen, wenn man die tatsächlichen Verteilungen derjenigen Variablen in der Grundgesamtheit kennt, für die die Stichprobe repräsentativ sein soll. Bei bundesweiten Umfragen wie dem ALLBUS ist dies natürlich nicht ganz so einfach; Repräsentativität bedeutet in der Praxis eine möglichst weitgehende Übereinstimmung der Verteilungen bestimmter zentraler Variablen (wie Alter, Geschlecht, Berufstätigkeit) mit den entsprechenden Verteilungen nach der amtlichen Statistik, unter der stillschweigenden Voraussetzung, daß die Daten der amtlichen Statistik die tatsächlichen Verteilungen dieser Variablen in der Bevölkerung wiedergeben (ob und wieweit dies der Fall ist, soll hier nicht diskutiert werden).

Repräsentativität einer Stichprobe für die bundesdeutsche Bevölkerung kann somit - durch Vergleich mit den entsprechenden Daten der amtlichen Statistik als der üblicherweise angewandten Vergleichsbasis - im Prinzip nur postuliert, nicht aber definitiv nachgeprüft werden, es sei

denn man orientiert sich an der Übereinstimmung von Stichprobenvertei-
lungen und Verteilungen der amtlichen Statistik. Auch eine reine Zufallsauswahl führt nicht automatisch und notwendigerweise zu einer repräsentativen Stichprobe. Allerdings können, bei geeignetem Stichprobenplan
und angemessener Stichprobenrealisierung, mit Hilfe der schließenden
Statistik mit gewisser Sicherheit Aussagen gemacht werden, unabhängig
davon, wie "repräsentativ" die Stichprobe tatsächlich ist.

3.2.2.3 Ausschöpfung

Ausschöpfung ist definiert als ein Maß für die Realisierung der Stichprobe; als Ausschöpfungsquotient bezeichnet man das Verhältnis der Zahl
der ausgewerteten Interviews zur Größe der "bereinigten" Stichprobe.
Im einzelnen wird der Ausschöpfungsquotient folgendermaßen errechnet
(in Klammern jeweils die Zahlen für den ALLBUS 1980):

Man zieht zunächst von der gesamten Stichprobe, der sog. "Brutto-Aus-
gangsstichprobe", d.h. also der Gesamtzahl der allen Interviewern vorgegebenen Haushaltsadressen (4620), die stichprobenneutralen Ausfälle
ab (367) und setzt das Ergebnis (4620 - 367 = 4253) gleich 100 %.
Dieser verbleibende Wert ist die sog. bereinigte Stichprobe.

Von der bereinigten Stichprobe werden dann die nichtstichprobenneutralen
Ausfälle (1226) und die zwar durchgeführten, aber nicht ausgewerteten
Interviews (72) abgezogen (4253 - 1226 - 72), so daß schließlich die
Zahl der realisierten und ausgewerteten Interviews (2955) übrigbleibt.
Diese verbleibende Zahl setzt man zu der bereinigten Stichprobe ins
Verhältnis (2955/4253 x 100) und gewinnt damit den Ausschöpfungsquo-
tienten (69,5 %).

Insgesamt wird der Ausschöpfungsquotient also nach der folgenden Formel
berechnet (wobei A = Ausschöpfungsquotient, Ber = bereinigte Stichprobe,
NstA = nichtstichprobenneutrale Ausfälle, StA = stichprobenneutrale Ausfälle, NaI = nichtausgewertete Interviews und BS = Bruttostichprobe):

<u>Allgemein</u>   <u>Mit den Zahlen des ALLBUS 1980</u>

$$A = \frac{(Ber - NstA - NaI)}{(BS - StA)} \times 100 = \frac{4253 - 1226 - 72}{4620 - 367} \times 100 = \underline{69,48}$$

Oder vereinfacht:

$$A = \frac{Ausgewertete\ Interviews}{Bereinigte\ Stichprobe} \times 100 = \frac{2955}{4253} \times 100 = \underline{69,48}.$$

Die Ausschöpfungsquote von rund 70%, die bei der Erhebung des ALLBUS
1980 erzielt werden konnte, kann durchaus als gutes Ergebnis einer
bundesweiten Repräsentativumfrage bezeichnet werden.

3.2.2.4 <u>Gewichtung</u>

"<u>Gewichtungen</u>" sind <u>mathematische Schätzfunktionen</u>, mit deren Hilfe
Schlüsse von einer Stichprobe auf die zugrundeliegende Gesamtpopulation
(Grundgesamtheit) möglich gemacht werden sollen. Was bedeutet das kon-
kret?

*Weiß man, daß in einer gegebenen Grundgesamtheit 53% der Personen Frauen
und 47% dementsprechend Männer sind, findet man aber in seiner eigenen
Stichprobe 57% Frauen und 43% Männer, dann liegt eine Verzerrung im Sinne einer Überrepräsentation der Frauen vor. Das heißt: in der Stichprobe sind relativ deutlich mehr Frauen, als von ihrem tatsächlichen Anteil
in der Grundgesamtheit her zu erwarten gewesen wäre. Um den Einfluß
dieser Verzerrung auszugleichen, werden Frauen deshalb etwas nach unten
"gedrückt", Männer auf der anderen Seite etwas nach oben "gehoben".
Das heißt: jede Person der Stichprobe geht nun nicht mehr mit dem Wert
1 in die Berechnungen ein, sondern mit dem anhand der Verzerrungen berech-
neten gewichteten Wert, in unserem Beispiel etwa Frauen mit dem Wert .95,
Männer mit dem Wert 1.05. Um zu verhindern, daß sich die Gesamtstichprobe aufgrund dieses Vorgehens zahlenmäßig ändert, werden die Ergebnisse
standardisiert, damit die reale Stichprobengröße erhalten bleibt.*

Gewichtungen werden also in der Regel dann vorgenommen, wenn hinsichtlich bestimmter Merkmale die Stichprobe abweicht von den "tatsächlich"
vorliegenden (z.B. aus Massendaten der amtlichen Statistik bekannten)
Verteilungen; sie dienen also dem Ausgleich von Verzerrungen in der
Stichprobe und der Anpassung der durch die Verzerrung bedingten Abweichungen von tatsächlichen Verteilungen.

Da es zur Konstruktion und Begründung von Gewichtungsfaktoren durchaus
komplizierter und umfangreicher mathematischer Prozeduren bedarf, können
wir uns an dieser Stelle mit der Problematik nicht näher beschäftigen.
Um die zugrundeliegende Idee etwas allgemeiner zu verdeutlichen, wollen
wir uns statt dessen ein einfaches Beispiel für die Konstruktion eines
Gewichtungsfaktors ansehen und uns dann der Gewichtung im ALLBUS 1980
zuwenden. Das Beispiel ist entnommen aus K i r s c h n e r (1980).

*K i r s c h n e r geht von der Annahme aus, man habe auf irgendeine
Weise die Ausprägungen x_1, x_2,.....x_n einer Variablen erhoben (wobei
n z.B. die Anzahl der Wahlberechtigten in a Stimmbezirken sei) und man
interessiere sich nun für die Summe X aller Ausprägungen (für die Gesamtzahl aller Wahlberechtigten N). Besitzt man keinerlei Vorinforma-
tion über die <u>nicht</u> erhobenen Einheiten, bleibe zur Schätzung von X
das Verfahren der sog. "blinden Substitution": man ordnet jeder nicht
erhobenen Einheit als Ausprägung das arithmetische Mittel (oder einen
entsprechenden statistischen Kennwert) der Ausprägungen aller erhobenen Einheiten zu; hat also die Grundgesamtheit die Größe N, schätzt
man X durch die Formel*

$$\sum_1^n x_i + ((N-n)/n) \cdot \sum_1^n x_i = (N/n) \cdot \sum_1^n x_i = \widehat{X}$$

*Dieser "Schätzer" ist, so K i r s c h n e r , "intuitiv leicht begründ-
bar und dies sogar ohne jede Annahme über die Art der Auswahl einer
Stichprobe". Zugleich, darauf sei noch einmal hingewiesen, handelt es
sich um einen sehr einfach konstruierten Gewichtungsfaktor. Das Verfahren wird rasch schwieriger, wenn man z.B. bekannte Vorinformationen
über die Einheiten der Grundgesamtheit verwenden will.*

Für den Datensatz des ALLBUS wurden zwei Gewichtungsvariablen konstruiert. Die eine, vom Erhebungsinstitut eingesetzt, entspricht dem heute von den kommerziellen Markt- und Meinungsforschungsinstituten eingeführten Standard. Sie enthält eine Anpassung der Haushaltsstichprobe an ZENSUS-Daten hinsichtlich politischer Gemeindegrößenklassen und Ländergruppen, die Umwandlung der Haushaltsstichprobe in eine Personenstichprobe und auf Personenebene eine Anpassung der Stichprobe an ZENSUS-Daten hinsichtlich Geschlecht, Alterklassen und Bundesländer.

Die andere Gewichtungsvariable, bei ZUMA konstruiert, entspricht nicht einer Anpassung an bereits vorliegende ZENSUS-Daten, sondern resultiert ausschließlich aus Informationen, die in der Stichprobe selbst enthalten sind. Dabei war zu berücksichtigen, daß

a) auf der ersten Stufe des Stichprobenplans 28 Primäreinheiten kein realisiertes Interview enthielten,
b) nicht in allen Primäreinheiten die gleiche Zahl auswertbarer Interviews vorlag und schließlich
c) Personen in großen Haushalten eine geringere Chance hatten, in die Stichproben zu kommen als Personen in kleinen Haushalten.

Im ersten Schritt der Konstruktion wurden sowohl die "realisierten" als auch die ausgefallenen Primäreinheiten (PE'n) nach ihrem Urbanisationsgrad (fünf Ausprägungen), ihrem Bedeutungsgewicht (dichotomisiert) und nach Bundesländergruppen (vier Ausprägungen) klassifiziert. Damit wurde eine dreidimensionale Tabelle mit 40 Zellen erzielt, für deren jede jeweils der Quotient

$$\frac{\text{Brutto-Anzahl der PE'n}}{\text{Anzahl der "realisierten" PE'n}}$$

gebildet und je nach Zellenzugehörigkeit jedem der 2955 Fälle als Gewichtungsfaktor zugeordnet wurde. Inhaltlich bedeutet dies, daß die ausgefallenen PE'n pro Zelle durch die darin realisierten substituiert wurden.

Nach Abschluß der zweiten Stufe des Stichprobenplans lagen pro PE unterschiedlich viele auswertbare Interviews vor. Dies wurde berücksichtigt
durch einen zweiten Gewichtungsfaktor

$$\frac{1}{\text{Anzahl der auswertbaren Interviews in der PE}}$$

Der dritte Gewichtungsfaktor entspricht numerisch der bei der ersten
Gewichtungsvariablen beschriebenen "Umwandlung". Insgesamt ist das bei
ZUMA konstruierte Gewicht das Produkt dieser drei Faktoren, standardisiert auf die Stichprobengröße 2955 (d.h. die Summe der Ausprägungen
dieser Gewichtungsvariablen über alle 2955 Fälle ist 2955).

3.3 Datenbereinigung

Die Angaben, welche der Befragte im Interview macht und der Interviewer
im Fragebogen festhält, werden in der Regel per Hand auf Verkodungsblät-
ter und von dort auf Lochkarten übertragen, von wo sie wiederum auf
Datenbänder überspielt werden (bei der Verarbeitung standardisierter
Fragen werden allerdings auch Verfahren der direkten Dateneingabe per
Bildschirm oder die Datenaufnahme per Belegleser zunehmend häufiger).
Den Prozeß der Umsetzung des Fragebogens auf Lochkarten bezeichnet man
gemeinhin als Verkodung.

Es liegt in der Natur der Sache, daß der Prozeß der Verkodung (wegen
der zweifachen Übertragung - vom Fragebogen auf das Verkodungsblatt,
vom Verkodungsblatt auf die Lochkarte) sehr fehleranfällig ist. Um solche Fehler (auch Interviewer-Fehler) aufzudecken, ist eine umfangreiche
Datenbereinigung erforderlich, welche in der Regel durch Fehlersuch-
oder Prüfprogramme im Rahmen elektronischer Datenverarbeitung vorgenommen wird.

Wir wollen im folgenden nicht die Prüfprogramme besprechen, sondern auf
eine Reihe von Fehlern (beileibe nicht auf alle denkbaren, sondern nur
die häufiger auftretenden) aufmerksam machen, welche vermittels solcher

Prüfprogramme (in der Regel) aufgespürt werden können.

Dabei muß man sich vor Augen halten, wie die Datenerhebung und Vercodung abläuft, und man muß daran denken, daß jeder Frage des Fragebogens bzw. jeder Variablen ein fester Ort auf dem Verkodungsblatt bzw. der Lochkarte zugeordnet ist. Wir wollen dies an einem Beispiel demonstrieren und verwenden dazu Frage 27 (Variable 109) des ALLBUS 1980. Verkodet wird diese Variable auf dem Verkodungsblatt/der Lochkarte 3, Spalte 31, einspaltig (s. Seite 97).

Gibt der Befragte auf die entsprechende Frage z.B. zur Antwort, er interessiere sich _wenig_ für Politik, kringelt der Interviewer die entsprechende Codeziffer 4 ein. Der Verkoder trägt auf das dafür vorgesehene Verkodungsblatt 3 in der vorgesehenen Spalte 31 den Wert 4 ein und der Locher überträgt den Wert 4 auf die entsprechende Lochkarte in die entsprechende Spalte.

Wo können nun Fehler auftreten, wenn man zunächst einmal davon ausgeht, daß das Interview selbst richtig durchgeführt worden ist?

1. _Unvollständigkeit der Fälle_ liegt z.B. dann vor, wenn nicht für alle Befragten bzw. Interviews alle Lochkarten vorhanden sind. Die Vollständigkeit der Fälle kann per EDV-Programm überprüft werden.

2. _Lochfehler_ treten auf, wenn bestimmte Spalten frei bleiben (sogenannte "blanks"), obwohl dort eigentlich ein Wert hätte verkodet werden müssen, oder wenn Werte in bestimmten Spalten verkodet wurden, obwohl dort "blanks" vorgesehen waren. Lochfehler dieser Art können per EDV-Programm aufgezeigt werden.

3. _Filter-Fehler_ sind solche Fehler, bei denen Personen bei bestimmten Fragen Werte zugeordnet wurden, obwohl ihnen diese Fragen eigentlich gar nicht hätten gestellt werden dürfen und umgekehrt. Filter-Fehler können per EDV-Programm aufgezeigt werden.

4. _Konsistenz-Fehler_ sind Fehler bezüglich der Konsistenz miteinander

Abbildung 6: <u>Der Weg der Information vom Fragebogen zur Lochkarte</u>

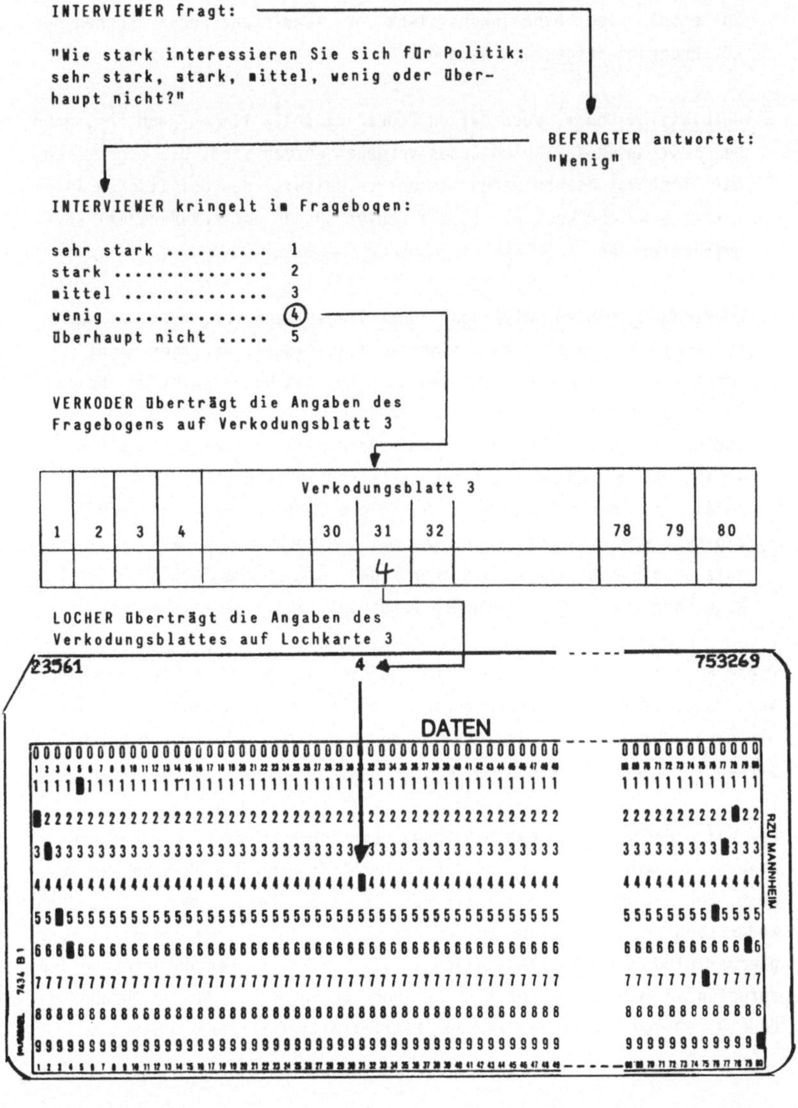

korrespondierender Variablen. Gibt z.B. eine Person bei der Frage
nach ihrem Familienstand an, sie sei "verheiratet und lebe mit Partner zusammen" und nennt später bei der Auflistung der Haushaltsmitglieder nur sich allein (gibt also an, in einem Einpersonenhaushalt
zu leben), liegt eine Inkonsistenz vor. Konsistenz-Fehler können per
EDV-Programm aufgezeigt werden.

5. Unzulässige Codes, auch "wilde Codes" genannt, liegen dann vor, wenn
   bei bestimmten Variablen Codes vergeben worden sind, die eigentlich
   gar nicht vorgesehen waren (im obigen Beispiel des politischen Interesses etwa der Wert 6). Solche Fehler können per EDV-Programm aufgezeigt werden.

6. Übertragungsfehler zulässiger Codes liegen dann vor, wenn auf der
   Lochkarte ein an sich zulässiger Wert auftaucht, der aber nicht
   identisch ist mit dem richtigen Wert im Fragebogen (gibt der Befragte im obigen Beispiel an, er interessiere sich "wenig" für Politik
   und der Interviewer kringelt dementsprechend - richtig - den Code
   4 ein, auf der Lochkarte findet sich schließlich aber der an sich
   zulässige, aber falsche Wert 1). Solche Fehler findet man im Prinzip nur, wenn man den Fragebogen mit den Lochkarten bzw. dem Datensatz vergleicht; man kann sicher sagen, daß solche Fehler in der
   Regel nur zufällig aufgefunden werden.

Diese Fehler kommen im wesentlichen auf dem Weg zwischen Fragebogen und
Verkodungsblatt bzw. Verkodungsblatt und Lochkarte zustande, auch wenn
der eine oder andere Fehler bereits durch den Interviewer verursacht
worden ist (der z.B. Filter nicht berücksichtigt hat).

Bei allen Fehlern, die man auffindet, empfiehlt es sich, die entsprechenden Fragebogen zu identifizieren und dort nach den Ursachen zu su-
chen. Fehler, die korrigierbar sind, also z.B. Übertragungsfehler, Verkodungsfehler, können dann verbessert werden. Fehler, welche nicht korrigierbar sind, wo also tatsächlich bereits im Fragebogen Unkorrektheiten
aufgefunden werden, können als "Fehlende Werte" (z.B. "keine Angabe" =
Code 9, 99 usw.) verkodet werden. Letztes Mittel schließlich ist die

Löschung des entsprechenden Fragebogens aus dem Datensatz, eine Strategie, die in der Regel bei richtig zustandegekommenen Interviews nicht
verfolgt zu werden braucht (sondern an sich nur bei erkannten Fälschun-
gen, bei Fällen, in denen Personen befragt wurden, die gar nicht in die
Stichprobe hätten kommen dürfen, oder wenn die Zahl der fehlenden Werte
einen bestimmten Prozentsatz des gesamten Interviews übersteigt).

Bei Filterfehlern wäre die Eliminierung des gesamten Fragebogens nur
dann empfehlenswert, wenn Personen eine größere Anzahl von Fragen, die
sie eigentlich hätten beantworten müssen, nicht beantwortet haben. Haben
Personen hingegen auch Fragen beantwortet, die ihnen eigentlich gar nicht
hätten vorgelegt werden dürfen, reicht die Umkodierung der entsprechenden Werte auf "Trifft nicht zu" = Code 0, 00 usw. als Datenbereinigungs-
strategie aus.

3.4 Zusammenfassung

Ziel dieses Kapitels war es gewesen, am Beispiel des ALLBUS 1980 aufzuzeigen, wie ein Forschungsprogramm der Umfrageforschung in die Praxis
umgesetzt wird und welche Probleme dabei entstehen können. Es liegt auf
der Hand, daß nicht jedes Forschungsprogramm den gleichen Verlauf nimmt
wie der ALLBUS 1980 und daß nicht überall die gleichen Probleme auftreten. Dennoch sollte manche der Erfahrungen, die mit dem ALLBUS 1980 gemacht worden sind, in gewisser Weise über dieses spezifische Projekt
hinausgehende, mehr oder weniger verallgemeinerungsfähige Bedeutung haben.

Die Entstehung des Fragenprogramms wurde sowohl hinsichtlich des zeitlichen Ablaufes als auch hinsichtlich der darin stattfindenden Prozesse
und Entscheidungen beschrieben. Es wurde die inhaltliche Systematik des
ALLBUS-Programms dargestellt, und es wurden die Kriterien spezifiziert,
nach denen die Fragen zur inhaltlichen Ausfüllung der Systematik ausgewählt wurden.

Im Zusammenhang mit der Durchführung und Auswertung des Pretests wurde
die simultane Ausführung sowohl der qualitativen als auch der quantita-

tiven Pretestanalyse empfohlen. Beide gemeinsam erscheinen geeignet, eine angemessene Grundlage zu bilden für Entscheidungen hinsichtlich der Konsequenzen, die aus dem Pretest für die Hauptstudie gezogen werden können.

Auch für die Hauptstudie zum ALLBUS 1980 wurden Fragenprogramm und Fragebogen vorgestellt und in diesem Zusammenhang auch das "Interviewer-Eigeninterview" und das "Kontaktprotokoll" angesprochen. Abschließend wurden erste Informationen über den Stichprobenplan des ALLBUS 1980 gegeben.

Diese Informationen wurden im zweiten Teil dieses Kapitels vertieft, das methodische Probleme bei der Durchführung des ALLBUS 1980 zum Gegenstand hatte.

Gefragt wurde dabei nach der Realisierung der Stichprobe, nach ihrer Repräsentativität für die Grundgesamtheit und nach ihrer Ausschöpfung. Als eine Konsequenz nicht-idealer Repräsentativität und nicht-vollkommener Ausschöpfung wurde das Problem der Gewichtung thematisiert.

Neben den Problemen der Stichprobe wurde die Frage nach der methodischen Qualität der Instrumente thematisiert und dabei die Konzepte der Zuverlässigkeit und der Gültigkeit angesprochen. Abgeschlossen wurde dieser Teil des Kapitels mit Aspekten der Datenbereinigung.

Alle diese Probleme wurden, wo es möglich war und sinnvoll erschien, am Beispiel des ALLBUS 1980 verdeutlicht, um durch ein Zusammenspielen dieser relativ konkreten Informationen mit den eher allgemeinen Überlegungen, die daneben thematisiert wurden, das Bewußtsein zu wecken und zu schärfen für die Probleme der Planung, Vorbereitung, Durchführung und Aufarbeitung einer Umfrage und für die damit zusammenhängenden methodischen und technischen Schwierigkeiten. Dieses dritte Kapitel soll, alles in allem, verstanden werden als praktische Handlungsanleitung für die Durchführung empirischer Forschungsvorhaben, speziell im Rahmen der Umfrageforschung.

4. Sekundäranalytische Auswertung von Umfragedaten

Gegenstand dieses Kapitels ist die exemplarische Darstellung des Zustandekommens sozialwissenschaftlicher Aussagen zur Beschreibung und Erklärung sozialer Tatbestände auf der Basis sekundäranalytischer Auswertung von Umfragedaten. In einer Zeit, in der Forschungsgelder knapper werden, wird es für den einzelnen Forscher immer schwieriger, eigene - insbesondere bundesweite - Umfragen durchzuführen; dies gilt sicherlich in besonderem Maße für jüngere Sozialforscher, für die die sekundäranalytische Auswertung von Umfragedaten zu einer in ihrer Bedeutung nicht hoch genug einzuschätzenden Möglichkeit werden wird, mit eigenen empirischen Arbeiten in die wissenschaftliche Diskussion eingreifen zu können. Um dies in wissenschaftlich angemessener Weise leisten zu können, müssen sie sich Kenntnisse über das Vorgehen und die Probleme bei der sekundäranalytischen Auswertung von Umfragedaten aneignen. Solche Kenntnisse sollen im Rahmen dieses Kapitels vermittelt werden.

Am Beispiel von Fragen des ALLBUS 1980 zu Kontakten und Einstellungen zu Gastarbeitern wird dargestellt, wie sozialwissenschaftliche Aussagen auf der Grundlage sekundäranalytischer Auswertung von Umfragedaten überhaupt zustandekommen können. Damit soll gezeigt werden, auf welche Weise man mit Umfragedaten vom Typ ALLBUS zu bestimmten sozialwissenschaftlichen Ergebnissen kommen kann und wie man sie interpretieren bzw. welche Schlüsse man daraus ziehen kann.

Bei dieser Darstellung ist zu berücksichtigen, daß sich ein sekundäranalytisches Verfahren in seinem Verlauf natürlich erheblich unterscheidet von Verfahren der Auswertung durch den Forscher selbst erhobener Primärdaten. Teilweise ändert sich zwar nur die Abfolge der einzelnen Schritte, teilweise müssen einzelne Schritte - wie etwa die Operationalisierung der zentralen Fragestellungen - aber grundsätzlich anders gesehen werden. Dies ist bekannt und bedarf keiner weiteren Erläuterungen.

Aber auch innerhalb einer sekundäranalytischen Strategie gibt es von dem zu beschreibenden Weg Abweichungen, etwa wenn die Auswahl der Datengrundlage selbst schon durch die spezifischen Forschungsinteressen

bestimmt wird. Insofern wird hier ein spezieller Fall beschrieben, nämlich ein Verfahren, dessen Voraussetzung die - wie auch immer begründete
- Fixierung des Forschers auf die Daten einer durch Dritte bereitge-
stellten Mehrthemenumfrage wie den ALLBUS 1980 ist.

Verfolgen wir den Ablauf dieses Verfahrens an dem Beispiel der Gastar-
beiterfragen des ALLBUS 1980:

"Negative Einstellungen (zu Gastarbeitern) und Diskriminierungen auf
verbaler Ebene sind ... offensichtlich kein repräsentatives Einstel-
lungsmuster der bundesdeutschen Gesellschaft, sondern relativ häufiger
bei Personen mit niedrigerem objektiven Status zu finden.

Erfahrungen mit Wettbewerb ... im sozioökonomischen Bereich, vor allem
als Konkurrenz um Arbeitsplätze, verstärken offensichtlich die Dis-
kriminierungsbereitschaft, während tatsächliche Kontakte in jedem
Fall eine wichtige Rolle bei der Verhinderung bzw. Reduzierung von
Diskriminierung spielen."

Diese Schlußfolgerung der Arbeit von K r a u t h und P o r s t
(1984) über sozioökonomische Determinanten von Einstellungen zu Gastarbeitern ist eine sozialwissenschaftliche Aussage, genauer gesagt die
Erklärung eines sozialen Tatbestandes (nämlich der Einstellung zu bzw.
der Diskriminierung von Gastarbeitern) durch andere soziale Faktoren
(hier: Status als Stellung von Personen in einem vertikal angeordneten
Schichtungssystem, Wettbewerb als Interaktion zwischen Personen mit
dem Ziel der Erlangung bestimmter knapper Positionen und Kontakt als
Interaktion in spezifischen sozialen Handlungsfeldern). Sie enthält,
aufgeschlüsselt, folgende Teilaussagen:

1. Es gibt negative Einstellungen zu und verbale Diskriminierung von
   Gastarbeitern (nennen wir diesen Sachverhalt der Einfachheit halber
   "DISK").

2. DISK ist nicht ein generelles Einstellungsmuster der bundesdeutschen
   Bevölkerung.

3. DISK ist abhängig vom sozialen Status von Personen als Einstellungs-
   trägern.

4. DISK ist abhängig von Wettbewerbserfahrung mit Gastarbeitern.

5. DISK ist abhängig von Kontakten zu Gastarbeitern.

Im folgenden soll nun Schritt für Schritt dargestellt werden, wie diese
einzelnen Aussagen sowie ihre Zusammenfassung zustandegekommen sind.
Dies soll nicht "idealtypisch" abgehandelt werden, sondern eher als
Konfrontation mit der Auswertungsrealität, mit einer Realität, dies
ist besonders wichtig, deren Ausgangspunkt ein bereits vorliegender
Fragebogen und Datensatz ist; beschrieben wird also das Vorgehen bei
einerSekundäranalyse von Umfragedaten (anders als etwa bei H. Von
A l e m a n n 1977, S. 57-154, wo eine sehr empfehlenswerte und durchaus problematisierende Darstellung des Ablaufes einer sozialwissenschaftlichen Untersuchung im allgemeinen gegeben wird).

4.1 <u>Ausgangspunkt</u>

Als Sekundäranalyse im weitesten Sinne bezeichnet man die auswertende
Bearbeitung von Daten, die durch Dritte erhoben worden sind. Analysen
auf der Basis von ALLBUS-Umfragen sind demzufolge immer Sekundäranalysen (auch wenn der entsprechende inhaltliche Gegenstand vorher noch
nicht von einem anderen Forscher bearbeitet worden war), und zwar deshalb, weil die Auswerter in der Regel keinen Einfluß auf das Zustandekommen der ihnen nun vorliegenden Daten hatten (sofern sie, dies ist
ja eine Besonderheit des ALLBUS, nicht für die Aufnahme bestimmter Fragen in das Fragenprogramm selbst verantwortlich waren). Das heißt: Der
Ausgangspunkt der Analyse von Daten des ALLBUS 1980 ist definitiv bestimmt durch den benutzten Fragebogen und den erstellten Datensatz.
Beides muß der Sekundäranalytiker als gegeben hinnehmen.

4.2 Definition des Erkenntnisinteresses

Wenn man sich nun dazu entschieden hat, sich mit den Daten des ALLBUS
zu beschäftigen, ist der nächste Schritt in der Definition des Erkenntnisinteresses zu sehen, oder anders ausgedrückt: Es folgen Überlegungen
darüber, mit welchem thematischen Gegenstand man sich unter welchen Gesichtspunkten auseinandersetzen will und ob die vorliegenden Daten zur
Behandlung der ausgewählten Fragestellungen überhaupt geeignet sind.
Dies bedeutet konkret:
a) Sichtung des Fragebogens nach interessierenden Themenbereichen,
b) Definition der Fragestellungen, die man untersuchen will und
c) Sichtung der vorliegenden Variablen.

4.2.1 Sichtung des Fragebogens und Auswahl des Themenbereichs

Als Mehrthemenbefragung bietet der ALLBUS zunächst einmal eine Anzahl
verschiedener inhaltlicher Themenbereiche (z.B. Familie, Arbeit, Politik).
Die Entscheidung, sich einem oder in Kombination mehreren dieser Bereiche zuzuwenden, kann aufgrund ganz unterschiedlicher Überlegungen erfolgen und ist sicher abhängig auch von der persönlichen Situation des An-
wenders. Einige Beispiele:

- *Der Familiensoziologe wird sich aufgrund seines generellen Interesses
  an dieser Materie sicher zunächst dem Bereich Familie zuwenden, der
  Arbeitssoziologe dem Bereich Arbeit usw.*

- *Ein Student, der inhaltlich noch nicht festgelegt ist, aber etwa eine
  Diplomarbeit schreiben muß und dies in Form einer empirischen Arbeit
  tun will, wird sich möglicherweise erst über die genaue Sichtung des
  Fragebogens für den einen oder anderen Bereich entscheiden.*

- *Persönliche Betroffenheit ist sicher ein weiterer Motor der Auswahl
  inhaltlicher Fragestellungen: Gute oder schlechte persönliche Erfahrungen mit Behörden könnten Anlaß sein, sich mit dem inhaltlichen Bereich Behördenkontakt/Behördenerfahrungen zu beschäftigen.*

- Eine weitere Quelle, aus der man seine Motivation für einen bestimm-
ten inhaltlichen Gegenstand gewinnen kann - dies war sicher das we-
sentliche Argument für die Arbeit von K r a u t h und P o r s t
(1984) - ist die Aktualität eines reàlen Problems und seine Behand-
lung in den Medien:

So befaßte sich das Nachrichtenmagazin "DER SPIEGEL" in seiner Ausga-
be vom 15. September 1980 in der Titelgeschichte mit dem "Fremdenhaß
in der Bundesrepublik": Eine "neue Welle von Ausländerfeindlichkeit"
sei zu verzeichnen, und wenngleich sicher sei, daß massivere Formen
von Agression gegen Ausländer nach wie vor vereinzelte Phänomene und
vereinzelten extremistischen Tätern anzulasten seien, so spreche doch
manches dafür, "daß dié Gewalt nur der sichtbare Ausdruck einer Stim-
mung ist, die sich im Bundesvolk breitgemacht hat".

Wie aus diesen Beispielen - sicher gibt es noch eine Reihe anderer -
zu sehen ist, kann die Entscheidung für die Bearbeitung eines inhaltlichen Themenbereiches sehr unterschiedliche Ursachen haben. Wie für
die nun anzusprechende Auswahl der Fragestellung ist auch für die Auswahl des Themenbereiches jeder Anstoß, welcher Natur er auch immer sei,
prinzipiell legitim.

4.2.2 Fragestellung

Nachdem man sich für einen inhaltlichen Themenbereich entschieden hat,
besteht der nächste Schritt in der konkreten Ausformulierung der Fragestellung.

Das SPIEGEL-Zitat gibt dabei erste Hilfestellungen: Man erfährt, daß
sich in der Bundesrepublik eine Ablehnung von Gastarbeitern zeige und
daß sich diese Ablehnung zunehmend dramatisiere.

Die erste Frage, die sich daraus ableiten läßt, lautet: Gibt es eine
solche, vom SPIEGEL behauptete Ablehnung tatsächlich, d.h. läßt sie sich
empirisch nachweisen, und wenn ja, ist sie in der Tat ein "repräsentatives" Einstellungsmuster in der bundesdeutschen Gesellschaft, d.h.

findet sich bei allen sozialen Gruppen oder Schichten wieder?

Was aber, wenn der letzte Teil der Frage mit nein zu beantworten sein wird, wenn zwar eine Ablehnung von Gastarbeitern tatsächlich empirisch nachgewiesen werden kann, aber nicht als "repräsentatives" Einstellungsmuster? Dann müßte es ganz bestimmte Kategorien von Personen geben, die als Träger negativer Einstellungen zu identifizieren sein müßten. Solche Personen könnten sich zum Beispiel definieren lassen über bestimmte politische Grundrichtungen, vielleicht über bestimmte religiös-dogmatische Haltungen, oder über was auch immer.

K r a u t h und P o r s t (1984) gingen von folgender Überlegung aus: Bei sich verschlechternder wirtschaftlicher Lage und hoher Arbeitslosigkeit in der Bundesrepublik könnten Ausländer verstärkt als Konkurrenten um Arbeitsplätze wahrgenommen werden. Wenn dies so wäre, könnten Einstellungen zu Gastarbeitern abhängig sein von im weitesten Sinne sozioökonomischen Merkmalen der Einstellungsträger und damit verbundener Voraussetzung für eine Wettbewerbsbehauptung.

Das Erkenntnisinteresse der Arbeit von K r a u t h und P o r s t (1984) ist demzufolge zu beschreiben mit der Fragestellung, ob die Abneigung gegen Ausländer in der Tat als "repräsentatives" Einstellungsmuster in der bundesdeutschen Gesellschaft vorhanden ist, oder ob die Einstellungen zu Ausländern wegen ihrer Wahrnehmung als Wirtschaftskonkurrenten nicht viel eher abhängig sind von im weitesten Sinne sozioökonomischen Merkmalen der Einstellungsträger. Damit verbunden ist die Frage, ob Wettbewerbserfahrung im sozioökonomischen Bereich, vor allem die Konkurrenz um Arbeitsplätze, zu einer stärkeren Diskriminierungsbereitschaft gegenüber Gastarbeitern führt.

Die Formulierung der Fragestellung ist eine kreative, sozialwissenschaftliches "Gespür" beanspruchende Handlung. Demzufolge gibt es natürlich keine inhaltlichen Regeln über die Definition des Erkenntnisinteresses. Auf der Hand liegt allerdings, daß bei Sekundäranalysen die inhaltliche Ausgestaltung von Fragestellungen nicht zu trennen ist von den konkreten Vorgaben des Fragebogens.

4.2.3 Sichtung der vorliegenden Variablen

Bei der Sichtung der vorliegenden Variablen geht es zunächst nur um die
Frage, ob die zentralen Aspekte der Fragestellung ihre Äquivalente im
Fragebogen finden; anders ausgedrückt: ob es Variablen gibt, die geeignet sind zur Messung und Beschreibung der einzelnen in der Fragestellung genannten Aspekte. Zwar ist die methodische Qualität der einzelnen
Fragen oder Items bereits jetzt von Interesse, doch wollen wir die Frage danach noch hinausschieben. Hier soll es nur um eine formale Überprüfung der ausreichenden Operationalisierung der Fragestellung gehen.
Dazu müssen zunächst die zentralen Dimensionen der Fragestellung expliziert werden: "Einstellungen zu Gastarbeitern", "sozioökonomische Merkmale der Einstellungsträger (objektive Statusmerkmale)", "subjektive
Interpretation der eigenen gesellschaftlichen Position (subjektive Statusmerkmale)" und "sozioökonomische Konkurrenz". Im einzelnen lagen im
ALLBUS 1980 folgende Operationalisierungen vor:

Dimension	*Variablen*
A: Einstellungen zu Gastarbeitern	a_1: Anpassung an den Lebensstil der Deutschen
	a_2: Ausweisung bei Arbeitsplatzknappheit
	a_3: Verbot politischer Betätigung
	a_4: Wahl des Ehepartners
B: Sozioökonomische Merkmale der Einstellungsträger ("objektive Statusmerkmale")	b_1: Schulabschluß
	b_2: Beruflicher Ausbildungsabschluß
	b_3: Netto-Einkommen
	b_4: Berufsprestige für gegenwärtigen Beruf
	b_5: Berufsprestige für letzten Beruf
C: Subjektive Interpretation der eigenen gesellschaftlichen Position ("subjektive Statusmerkmale")	c_1: Subjektive Schichteinstufung
	c_2: Einstufung auf der Oben-Unten-Skala
	c_3: Wahrnehmung sozialer Gerech-

$$D:\ Sozio\ddot{o}konomische\ Konkurrenz$$

tigkeit ("Equity")

d_1: *Aktuelle Arbeitslosigkeit des Befragten*

d_2: *Aktuelle Arbeitslosigkeit des Ehepartners*

Damit konnte zunächst davon ausgegangen werden, daß die zentralen Aspekte der Fragestellung durch entsprechende Variablen im Fragebogen des ALLBUS 1980 repräsentiert waren. Bei der Sichtung des Fragebogens kam dann eine weitere Dimension mit in die Diskussion, nämlich die Frage nach tatsächlichen Kontakten zu Gastarbeitern:

E: Kontakte zu Gastarbeitern

e_1: *in der eigenen Familie oder näheren Verwandtschaft*

e_2: *am Arbeitsplatz*

e_3: *in der Nachbarschaft*

e_4: *im sonstigen Freundes- und Bekanntenkreis*

Der Stellenwert dieser Kontaktvariablen für die Frage nach Einstellungen zu Gastarbeitern war zunächst offen; zwar wurde ein Zusammenhang zwischen Kontakten und Einstellungen vermutet, doch gab es zunächst keine Vermutung über die <u>Richtung</u> dieses Zusammenhangs. Erst die Bearbeitung zu diesem Thema vorliegender Literatur und die Formulierung des theoretischen Erklärungsmodells konnte zeigen, in welcher Weise die Kontakte zu Gastarbeitern berücksichtigt werden könnten.

4.3 <u>Bearbeitung der Literatur</u>

Die Bearbeitung der problembezogenen Literatur hat im wesentlichen folgende Funktionen:

- Einstieg in die Problematik des Gegenstandes
- Überblick über den Stand der Forschung zum Gegenstand
- Angebote an theoretischen Erklärungsrahmen
- Hilfestellung bei der Formulierung von Hypothesen

- Anregungen für die Durchführung der eigenen Arbeiten.

4.4 Formulierung des theoretischen Bezugsrahmens

Erinnern wir uns: Eingangs war gesagt worden, daß es sich bei den Aussagen von K r a u t h und P o r s t (1984) über die Ursachen negativer, diskriminierender Einstellungen zu Gastarbeitern um sozialwissenschaftliche Aussagen handle, genauer gesagt, um die Erklärung eines sozialen Tatbestandes durch andere soziale Faktoren.

Bei einer sozialwissenschaftlichen Erklärung liegt ein bestimmter sozialer Tatbestand vor, und man sucht nach den Anfangsbedingungen und Ursachen dieses Tatbestandes sowie nach einer Theorie bzw. nach Gesetzesaussagen zu seiner Erklärung. Im Gegensatz dazu sind bei einer Prognose Anfangsbedingungen und Theorie gegeben, und man sucht nach einem zukünftigen Tatbestand (dazu allgemein: A l b e r t 1972, P o p p e r 1973).

Etwas formaler, aber verständlicher (nach Von A l e m a n n 1977, Seite 39ff):

Wenn G_1 = Gesetzesaussage

$\quad A_1$ = Anfangsbedingungen (singuläre Aussage, die die Anfangsbedingung beschreibt)

$\quad E_1$ = Explanandum (der zu erklärende Sachverhalt),

dann:

Erklärung		Prognose
gesucht	G_1	gegeben
gesucht	A_1	gegeben
gegeben	E_1	gesucht

Damit zeigt sich also eine "strukturelle Identität zwischen Erklärung und Prognose" (A l e m a n n 1977, Seite 41), d.h. die logische Struktur der Ableitung einer Prognose entspricht derjenigen einer Erklärung.

Eine Brücke zwischen Prognose und Erklärung hat H e m p e l (1964) geschlagen, indem er die These von der strukturellen Identität von Erklärung und Prognose aufgespaltet und aufgezeigt hat, daß jede angemessene Erklärung eine potentielle Prognose und jede angemessene Prognose eine potentielle Erklärung ist.

Bei der soziologischen Erklärung müssen also der theoretische Bezugsrahmen definiert und die singulären Aussagen zur Beschreibung der Anfangsbedingungen getroffen werden.

Die singulären Aussagen zur Beschreibung der Anfangsbedingungen sind ableitbar aus der konkreten raum-zeitlichen Einbettung des Forschungsproblems.

Für unser Beispiel etwa:

A1: "In der Bundesrepublik leben 1981 4,6 Mio. Ausländer".
A2: "In der Bundesrepublik gibt es 1981 1,7 Mio. Arbeitslose".
A3: "Der Anteil der Ausländer an der Gesamtbeschäftigung in der Bundesrepublik beträgt 1982 9,9%".

Es könnten weitere singuläre Aussagen zur Beschreibung der Anfangsbedingungen formuliert werden; wir wollen hier darauf verzichten und uns der Suche nach der Theorie zuwenden.

Besser gesagt: wir fragen danach, ob es bestimmte theoretische Zusammenhänge bzw. Bezugsrahmen gibt, die zur Erklärung des beobachteten sozialen Tatbestandes beitragen können.

K r a u t h und P o r s t (1984) gingen bei ihrem Erklärungsversuch aus von dem Begriff der Minderheiten. R o s e (1969, 1972) definiert Minderheiten als

"besondere Rassen-, Kultur-, Religions- oder Nationalitätengruppen, die, inmitten anderer Gruppen lebend, doch nicht voll teilhaben an der allgemeinen Kultur, der sie als Teil angehören".

Dieser Definition entsprechend können Gastarbeiter in der Bundesrepublik als Minderheiten bezeichnet werden:

"Als Minderheiten werden ihnen <u>typischerweise</u> gewisse ökonomische, soziale und politische Rechte vorenthalten, d.h. sie unterliegen <u>typischerweise</u> der Diskriminierung durch die Mehrheit: Wenn die Mitglieder einer Gesellschaft in der Regel mit bestimmten (kodifizierten oder gewohnheitsmäßig zugebilligten) politischen, sozialen und gesellschaftlichen Rechten ausgestattet sind, so verstehen wir unter <u>Diskriminierung</u> Verhalten, im speziellen Falle ... auch verbales Verhalten, das darauf ausgerichtet ist, gewisse Teilgruppen der Gesellschaft von der Teilhabe an diesen Rechten auszuschließen bzw. ihnen diese Teilhabe abzusprechen ..." (K r a u t h und P o r s t 1984).

Diskriminierung kann, so etwa S c h ä f e r und S i x (1978, Seite 224), als Prozeß der Realisierung von Vorurteilen verstanden werden.

Damit wurden zwei weitere zentrale Begriffe in den Erklärungszusammenhang eingeführt, nämlich "Diskriminierung" und "Vorurteil".

Zur Erklärung der Diskriminierung von Gastarbeitern als Minderheiten bieten sich nun zwei theoretische Ansätze an.

Ein sozialpsychologischer Ansatz, die sog. "Sündenbock-Theorie" (A l l p o r t 1954), geht davon aus, daß Gruppen zur Wahrung ihrer Integration, also ihres Zusammenhalts und ihrer Solidarität, Fremdgruppen definieren, denen sie mit Ablehnung gegenübertreten. Die tatsächliche oder vermeintliche Gefährdung der Eigengruppe führt zu einer verstärkten Bereitschaft, die Mitglieder der Fremdgruppe zu diskriminieren, weil diese - als Sündenbock - für eine drohende Desintegration der Eigengruppe verantwortlich gemacht werden.

Ein anderer, soziologischer Ansatz, mit dem K r a u t h und P o r s t (1984) arbeiten, geht von der Annahme aus, daß Diskriminierung als Folge von Wettbewerb oder Wettbewerbserwartung auftritt. Wettbewerbsbefürchtungen und Bedrohung des eigenen Status verstärken die Abwehrbe-

reitschaft von Personen gegen mutmaßliche Konkurrenten; Mangel an Wettbe-
werbsfähigkeit wird durch Diskriminierung auszugleichen versucht
(E s s e r 1980).

Diskriminierungsbereitschaft und Diskriminierungsverhalten sind in diesem Ansatz nicht generalisiert auf alle Personen einer Gruppe, sondern
abhängig von objektiven Wettbewerbssituationen oder subjektiv wahrge-
nommenem Wettbewerb. Anders gesagt:Diskriminierungen sollten verstärkt zwischen solchen Personen auftreten, die tatsächlich oder ver-
meintlich in Konkurrenz zueinander stehen:

"Die Wahrnehmung von Gastarbeitern als Konkurrenten konzentriert sich
im wesentlichen auf die sozioökonomische Dimension des Wettbewerbs um
Arbeitsplätze. Da Gastarbeiter (wenn überhaupt) als Konkurrenten um
objektiv niedrig plazierte Berufspositionen agieren, dürfte eine Wett-
bewerbssituation bzw. Wettbewerbserwartung verstärkt bei solchen ein-
heimischen Personen aufzufinden sein, die aufgrund eigener sozioökonomischer Defizite selbst auf die Ausübung niedrig bewerteter Berufs-
tätigkeiten angewiesen sind. D.h. die Diskriminierung von Gastarbeitern müßte vor allem abhängig sein von der _Wettbewerbserfahrung bzw._
-erwartung einerseits, von den _Voraussetzungen für eine Wettbewerbs-_
behauptung der Einstellungsträger andererseits.

Die Chancen zur Wettbewerbsbehauptung im sozioökonomischen Bereich,
speziell auch auf dem Arbeitsmarkt, sind aber abhängig von statusbildenden Variablen wie der Schulbildung, der Berufsausbildung und der
beruflichen Stellung. Neben dem _objektiven Status_ müßte die Wahrnehmung der eigenen Position in der Gesellschaft, also ein _subjektiver_
Status, insofern eine Rolle spielen, als sie die Wahrnehmung individueller Wettbewerbschancen beeinflußt. Das hieße also, Einstellungen
zu Gastarbeitern seien, im Zusammenhang mit Wettbewerbserfahrung bzw.
-erwartung, determiniert durch Merkmale des objektiven und subjektiven Status" (K r a u t h und P o r s t 1984).

Fassen wir den Gang der Argumentation zusammen: Ausgangspunkt war die
Frage nach Einstellungen zu Gastarbeitern (als zu erklärendem sozialen

Tatbestand). Über die Zuordnung der Gastarbeiter zu dem allgemeineren
Begriff "Minderheiten" haben wir sie als eine Kategorie von Personen
definiert, die typischerweise konfrontiert sind mit Diskriminierung
durch die Mehrheit im Sinne einer Vorenthaltung den Mitgliedern der
Mehrheit zugebilligter Rechte. Wir haben dann Diskriminierung zurückge-
führt auf Wettbewerb und Wettbewerbserwartung und dadurch die "Mehrheit"
als Einstellungsträger "entlastet"; statt dessen haben wir eine spezifische Personengruppe angesprochen, die Diskriminierungsbereitschaft bzw.
-verhalten zeigt, nämlich Personen, die objektiv oder subjektiv mit
Gastarbeitern in Konkurrenz stehen. Aufgrund der konkreten schwachen
Wettbewerbschancen der Gastarbeiter können dies nur solche Personen
aus der Mehrheit sein, die selbst auf die Ausübung niedrig bewerteter
Berufspositionen angewiesen sind, und das sind Personen mit sozioökonomischen Defiziten, mit niedrigem objektiven und subjektiven Status.

4.5 Hypothesen

Es ist nun in der Regel hilfreich, die im Text enthaltenen Fragestellungen und Hypothesen zu explizieren. Unser Beispiel führt uns zu den folgenden Aussagen bzw. Fragen:

*1) Gibt es in der Bundesrepublik eine Ablehnung von Gastarbeitern bzw.
können dahingehende Vermutungen empirisch bestätigt werden, und wenn
ja, handelt es sich dabei um ein "repräsentatives" Einstellungsmuster?*

*Wenn eine Ablehnung von Gastarbeitern feststellbar ist, aber sich nicht
als "repräsentatives" Einstellungsmuster nachweisen läßt, soll es bestimmte Kategorien von Personen geben, die als Träger negativer Einstellungen zu Gastarbeitern zu identifizieren sein sollen. Unter dem Aspekt
sozioökonomischer Determination von Einstellungen zu Gastarbeitern wurden folgende Hypothesen formuliert:*

*2) Je höher der objektive Status von Personen, desto geringer ihre
verbale Diskriminierungsbereitschaft gegenüber Gastarbeitern.*

3) Je höher der subjektive Status von Personen, desto geringer ihre verbale Diskriminierungsbereitschaft gegenüber Gastarbeitern.

*4) Je deutlicher die Wahrnehmung von Gastarbeitern als Konkurrenten um
Arbeitsplätze ist, umso stärker ist die verbale Diskriminierungsbereitschaft. Die Wahrnehmung von Gastarbeitern als Konkurrenten auf
dem Arbeitsmarkt ist umso deutlicher, je geringer der objektive und
subjektive Status der befragten Personen ist.*

*5) Personen mit Erfahrung von Arbeitslosigkeit haben negativere Ein-
stellungen zu Gastarbeitern als Personen ohne solche Erfahrung.*

*Eine weitere Fragestellung, deren Untersuchung sich aus dem Fragebogen
heraus anbietet, ist der Zusammenhang zwischen Kontakten mit Gastarbeitern und Einstellungen zu ihnen. Hier ließ sich keine gerichtete
Hypothese formulieren:*

*6) Ob tatsächliche Kontakte Vorurteile und Diskriminierungen vermindern
oder im Gegenteil sogar erhöhen, hängt ab von der Art, Intensität,
Wichtigkeit und einer Reihe anderer Kriterien der stattfindenden
Kontakte (A m i r 1969). Beliebige Kontakte alleine lassen nicht
von vornherein eine Reduzierung von Vorurteilen und Diskriminierungsbereitschaft erwarten (A l l p o r t 1954, Seite 263). Kontakte zu
Gastarbeitern beeinflussen also Einstellungen zu ihnen, ohne daß a
priori etwas über die Richtung der Beeinflussung ausgesagt werden
könnte.*

Soweit die Fragestellungen und Hypothesen, die abgeleitet und überprüft
wurden. Wir wollen im folgenden nicht mehr alle diese Fragen und Hypothesen weiter verfolgen, sondern uns auf die Hypothesen bzw. Fragen 1
(Repräsentativität negativer Einstellungen), 2 (objektiver Status und
Einstellungen), teilweise 5 (Erfahrung von Arbeitslosigkeit und Einstellungen) sowie 6 (Kontakte und Einstellungen) beschränken. Bevor wir
beschreiben, wie die Analyse dieser postulierten Zusammenhänge vorgenommen worden ist, wollen wir uns noch die Instrumente der Datenerhebung näher ansehen.

4.6 Operationalisierung

Als "abhängige Variablen" unserer
Untersuchung dienten vier Items
des ALLBUS 1980 zur Messung von
Einstellungen zu Gastarbeitern.
Mit Hilfe der rechts abgebildeten
Siebener-Skala sollten die Befrag-
ten ihre eigene Meinung zu den
folgenden vier Items anzeigen:

7	stimme voll und ganz zu
6	
5	
4	
3	
2	
1	stimme überhaupt nicht zu

25	*INT.: blaue Liste 8 überreichen*		
	Auf dieser Liste stehen einige Sätze, die man schon irgendwann einmal gehört hat, wenn es um Gastarbeiter ging. Sagen Sie mir bitte zu jedem Satz, inwieweit Sie ihm zustimmen. Mit Hilfe der Skala unten auf der Liste können Sie wieder Ihre Meinung abstufen.		
		INT.: bitte hier Skalenwert notieren	
A	Gastarbeiter sollten ihren Lebensstil ein bißchen besser an den der Deutschen anpassen	- - - - - - - -	22/23
B	Wenn Arbeitsplätze knapp werden, sollte man die Gastarbeiter wieder in Ihre Heimat zurückschicken	- - - - - - - -	24/25
C	Man sollte Gastarbeitern jede politische Betätigung in Deutschland untersagen	- - - - - - - -	26/27
D	Gastarbeiter sollten sich ihre Ehepartner unter ihren eigenen Landsleuten auswählen	- - - - - - - -	28/29 99

Der Grad der Zustimmung zu jedem dieser vier Items kann als Maß für
verbale Diskriminierung interpretiert werden;

zu Item A, weil hier der Verzicht auf gewisse gesellschaftliche und
kulturelle Traditionen der Gastarbeiter gefordert wird und
damit tendenziell die Aufgabe ihrer eigenen kulturellen Iden-
tität bei gleichzeitiger faktischer Behinderung ihrer Inte-
gration in die Gesamtgesellschaft,

zu Item B, weil durch diese Forderung in erheblichem Maße die Chance
einer individuellen Lebensführung der Gastarbeiter in Frage

> *gestellt wird und die Definition ihrer Lebensumstände redu-*
> *ziert wird auf eine disponible, ausschließlich den Bedürfnis-*
> *sen des Gastgeberlandes verpflichtete Ausübung zugewiesener*
> *segmentärer Rollen,*

zu Item C, weil Gastarbeitern damit die Teilnahme an politischen Rechten
strittig gemacht wird, die nicht nur Deutschen selbstverständ-
lich zugesprochen werden, sondern per Gesetz sogar den Aus-
ländern selbst (z.B. Versammlungs- und Vereinigungsfreiheit,
Demonstrationsrecht),

zu Item D, weil hier eine Reglementierung der Privatsphäre der Gastar-
beiter angestrebt wird, die durch nichts anderes begründet
ist als durch ethnische Kategorisierung.

Damit kann dieses Instrument als zur Operationalisierung des Begriffes
"Diskriminierung von Gastarbeitern" angemessen bezeichnet werden, und
dies ist nichts anderes als die Umschreibung des technischen Begriffes
der Validität. Das Instrument ist valide im Sinne der Validierung anhand theoretischer Überlegungen (Konstrukt-Validität).

Wendet man entsprechende Überlegungen auf die Kontakt-Fragen an, so
fällt das Ergebnis wesentlich schlechter aus. Die Kontakte zu Gastarbeitern waren mit folgendem Instrument abgefragt worden:

26	Haben Sie persönlich unmittelbare Kontakte zu Gastarbeitern oder zu deren Familien, und zwar ...		
	INT.: vorlesen	ja	nein
	in Ihrer eigenen Familie oder Verwandtschaft?	1	2
	an Ihrem Arbeitsplatz?	1	2
	in Ihrer Nachbarschaft?	1	2
	in Ihrem sonstigen Freundes- und Bekannten-kreis?	1	2

Die Kontaktvariablen sollen also tatsächliche Kontakte der Befragten zu
Gastarbeitern in unterschiedlichen, sehr wahrscheinlich emotional un-
gleich besetzten Kontaktfeldern messen. Ob mit dem Instrument in der
Tat "tatsächliche", also real stattfindende Kontakte gemessen werden,
ist natürlich im Rahmen einer Umfrage nicht überprüfbar. Wie so oft in
der Umfrageforschung muß man auch hier davon ausgehen, daß die Welt so
ist, wie die Befragten behaupten, daß sie sei. Auch wird mit dem Instrument, wenn überhaupt, nur die Tatsache eines Kontaktes an sich regi-
striert, nicht die Häufigkeit und schon gar nicht die Intensität oder
Bewertung (z.B. der Wichtigkeit) der Kontakte durch die Befragten.

*Dies bedeutet, daß spezifische Zusammenhänge zwischen Kontakten zu
Gastarbeitern und Einstellungen zu ihnen positiv nicht zu überprüfen
sind. Zwar könnte als ein Ausgangspunkt z.B. eine Vermutung über die
unterschiedliche Wichtigkeit der Kontakte innerhalb der unterschiedlichen Kontaktfelder dienen, doch wäre dies in hohem Maße spekulativ.
Die Vermutung, die eigene Familie sei als Kontaktbereich emotional
stärker besetzt als der Arbeitsplatz erscheint noch plausibel, aber wie
ist es mit dem Verhältnis zwischen Familie und Freundeskreis, wie zwischen Arbeitsplatz und Nachbarschaft, etc.? Eine Rangordnung der Wichtigkeit dieser Kontaktfelder vorzunehmen, wäre also sehr problematisch.*
Damit muß die Kontakt-Frage insgesamt als wenig valide Operationalisierung bezeichnet werden, was nicht ohne Konsequenzen bleibt für die
spätere Analyse.

4.7 <u>Analysen</u>

Den Gang der Analysen wollen wir in drei Schritten beschreiben, die
für sozialwissenschaftliche Analysen weder vollständig sein müssen
noch unbedingt durchzuführen sind; zumindest haben sie, auch in dieser Anordnung, eine hohe Plausibilität. Zuerst werden wir die einfa-
chen Randverteilungen betrachten und erste Schlüsse daraus zu
ziehen versuchen. Der zweite Schritt besteht in der Durchführung,
Darstellung und Interpretation bivariater Analysen, der dritte Schritt
schließlich in der Durchführung, Darstellung und Interpretation eines
multivariaten, komplexen Analysemodells. Dabei wollen wir in jedem
Schritt weniger die technische oder methodische Verfahrens-

weise beschreiben, sondern wir wollen, gemäß unsrer eingangs definierten Zielsetzung, fragen nach dem konkreten Beitrag jedes dieser drei
Schritte für das Zustandekommen der zu Beginn des Kapitels formulierten
sozialwissenschaftlichen Aussage.

4.7.1 Betrachtung von Randverteilungen

Als Randverteilungen bezeichnet man schlicht die (absoluten oder rela-
tiven) Häufigkeiten, mit denen sich die Befragten auf die vorgegebenen
Antwortkategorien einer Frage verteilen. Die Betrachtung von Randverteilungen scheint zwar ein sehr simpler Vorgang zu sein, sollte aber
in jedem Falle am Beginn einer jeden Analyse stehen. Oft sind bereits
aufgrund der Randverteilungen wichtige Feststellungen hinsichtlich der
Beschreibung des zu untersuchenden sozialen Tatbestandes zu machen.

*In Bezug auf Kontakte zu Gastarbeitern und die Einstellungen zu ihnen
gibt die Betrachtung der Randverteilungen zunächst einmal an, wie viele
Befragte in welchen Kontaktfeldern Kontakte zu Gastarbeitern haben und
wie viele Befragte sich in welchem Maße den Antwortkategorien der Einstellungsitems zugeordnet haben.*

*Persönlich unmittelbare Kontakte zu Gastarbeitern oder zu deren Familien
hatten von den Befragten des ALLBUS 1980*

	abs.	%
- in der eigenen Familie oder näheren Verwandtschaft	*157*	*5,3*
- am Arbeitsplatz	*676*	*22,9*
- in der Nachbarschaft	*581*	*19,7*
- im sonstigen Freundes- und Bekanntenkreis	*434*	*14,7*

*Da bei dieser Frage Doppel- bzw. Mehrfachnennungen möglich waren, haben
wir die Kontaktfelder addiert und die Randverteilungen für die addier-
ten Kontaktfelder betrachtet:*

	abs.	%
- Kontakt in keinem der Kontaktfelder = *kein Kontakt zu Gastarbeitern*	*1710*	*57,9*

	abs.	%
- Kontakt in _einem_ Kontaktfeld	985	33,3
- Kontakt in _zwei_ Kontaktfeldern	152	5,1
- Kontakt in _drei_ Kontaktfeldern	82	2,8
- Kontakt in _allen vier_ Kontaktfeldern	26	0,9
	2955	100,0

Unabhängig von allen weiteren Analysen führt bereits die Betrachtung dieser Randverteilungen zu einem wichtigen Ergebnis: die Einstellungen zu Gastarbeitern sind zu sehen auf dem Hintergrund relativ weniger tatsächlicher Kontakte zu ihnen. Fast 60% der Befragten haben keinerlei Kontakte zu Gastarbeitern in den vorgegebenen Kontaktfeldern. Dies führt Einstellungen zu Gastarbeitern in den Bereich von Vorurteilen.

Wie aber sieht es mit diesen Einstellungen tatsächlich aus?

Erinnern wir uns daran, daß wir eingangs gefragt hatten, ob die Abneigung gegen Ausländer ein "repräsentatives" Einstellungsmuster der bundesdeutschen Bevölkerung sei. Wäre dies der Fall, müßte bereits aus den Randverteilungen der Einstellungsitems die negative Bewertung der Gastarbeiter zu erkennen sein, d.h. die Einstellungsitems, welche ja als diskriminierende Einstellungen definiert worden waren, müßten in deutlichem Maße auf Zustimmung der repräsentativen Stichprobe stoßen.

Dies gilt sicher auch für die Forderung nach Anpassung an den Lebensstil der Deutschen, das allerdings im Sinne einer Diskriminierung am unverbindlichsten formulierte Item. Etwa 65% der Befragten stimmen dieser Aussage zu, d.h. wählen eine Kategorie über dem mittleren Skalenwert; allein fast ein Drittel stimmen sogar "voll und ganz" zu:(siehe Tabelle 2, Seite 120).

Rund die Hälfte der Befragten ist der Ansicht, man solle Gastarbeiter wieder in ihre Heimat zurückschicken, wenn Arbeitsplätze knapp würden und man solle Gastarbeitern jegliche politische Betätigung in der Bundesrepublik untersagen.

Tabelle 2: <u>Anpassung an den Lebensstil</u>

"Gastarbeiter sollten ihren Lebensstil ein bißchen besser an den der Deutschen anpassen."

Skalenwerte	Skalenendpunkte	abs.	%
1	stimme überhaupt nicht zu	224	7.6
2		155	5.3
3		235	8.0
4		401	13.6
5		606	20.5
6		444	15.0
7	stimme voll und ganz zu	878	29.7
	verweigert	4	.1
	weiß nicht	2	.1
	keine Angabe	6	.2
		2955	100.1

Tabelle 3: <u>Ausweisung bei Arbeitsplatzknappheit</u>

"Wenn Arbeitsplätze knapp werden, sollte man die Gastarbeiter wieder in ihre Heimat zurückschicken."

Skalenwerte	Skalenendpunkte	abs.	%
1	stimme überhaupt nicht zu	470	15.9
2		234	7.9
3		286	9.7
4		417	14.1
5		431	14.6
6		345	11.7
7	stimme voll und ganz zu	756	25.6
	verweigert	4	.1
	weiß nicht	2	.1
	keine Angabe	10	.3
		2955	100.0

Tabelle 4: *Verbot politischer Betätigung*

"Man sollte Gastarbeitern jede politische Betätigung in Deutschland untersagen."

Skalenwert	Skalenendpunkte	abs.	%
1	stimme überhaupt nicht zu	519	17.6
2		255	8.6
3		291	9.9
4		378	12.8
5		354	12.0
6		255	8.6
7	stimme voll und ganz zu	891	30.2
	verweigert	4	.1
	weiß nicht	4	.1
	keine Angabe	4	.1
		2955	100.0

Am liberalsten erweisen sich die Befragten bei der Beurteilung des Items aus dem Privatbereich, nämlich Partnerwahl der Gastarbeiter (s. Tabelle 5, S. 122).

Alleine aus diesen Randverteilungen lassen sich bereits erste deutliche Schlüsse ziehen über die Diskriminierungsbereitschaft der Befragten gegenüber Gastarbeitern. Die erste der unter Punkt 4.5 (Hypothesen) gestellte Frage läßt sich bereits jetzt beantworten: Zwar wird man nicht von durchweg negativen Einstellungen zu Gastarbeitern als repräsentativem Einstellungsmuster sprechen können, doch wird immerhin bei etwa der Hälfte der Befragten eine Diskriminierungsbereitschaft deutlich sichtbar.

Damit hat sich die Fruchtbarkeit alleine der Betrachtung von Randverteilungen bereits erwiesen. Wir wollen diesen Abschnitt deshalb hier abschließen, wollen uns aber zum Schluß noch zur Reliabilität der Einstellungs-Items äußern. Reliabilität ist, wie man sich erinnert, ein

Tabelle 5: <u>*Wahl des Ehepartners*</u>

"Gastarbeiter sollten sich ihre Ehepartner unter ihren Landsleuten auswählen."

Skalenwert	*Skalenendpunkte*	*abs.*	*%*
1	*stimme überhaupt nicht zu*	*731*	*24.7*
2		*240*	*8.1*
3		*254*	*8.6*
4		*413*	*14.0*
5		*328*	*.11.1*
6		*284*	*9.6*
7	*stimme voll und ganz zu*	*692*	*23.4*
	verweigert	*5*	*.2*
	weiß nicht	*2*	*.1*
	keine Angabe	*6*	*.2*
		2955	*100.0*

Maß für die Stabilität und Genauigkeit sowie die Konsistenz von Meßbedingungen, uns zwar operationalisiert als das Verhältnis der Varianz der "wahren" Werte zur Varianz der gemessenen Werte. Diese Verhältniszahl wird 1, wenn die Varianz der Meßfehler Null ist. Ein hoher Reliabilitätskoeffizient bedeutet dann, daß die gemessenen Werte hoch mit den "wahren" Werten korrelieren, anders ausgedrückt, daß nur geringe Meßfehler aufgetreten sind. Konsistenz-Reliabilität bezieht sich speziell auf die Konsistenz von Antwortverhalten auf vorgegebene Items im Rahmen von Skalen oder Itembatterien. Je höher der Koeffizient der Konsistenz-Reliabilität ist, umso konsistenter werden solche Items beurteilt.

Der Reliabilitäts-Koeffizient der Einstellungen zu Gastarbeitern beträgt über die Gesamtstichprobe Alpha = .76586. Damit werden die Items in hohem Maße konsistent beantwortet bzw. eingestuft (wobei zu berücksich-tigen ist, daß die Zahl der Items relativ gering ist, eine Tatsache,

die den Wert des Reliabilitäts-Koeffizienten nach unten drückt - vgl.
dazu K r i s t o f 1971).

4.7.2 Bivariate Analysen

Bivariate Analysen sind solche, bei denen nach der Beziehung zwischen
zwei Variablen gefragt wird. Je nach Art der Daten (Skalenniveau) und
der Fragestellung (Erklärung, Prognose) stehen dabei eine Reihe von
Analyseverfahren zur Verfügung, seien es nun die Berechnung nominaler
(Phi, Kontingenzkoeffizient C, Lambda) oder ordinaler (Gamma, S p e a r-
m a n 's rho) Zusammenhangsmaße, sei es die Durchführung von Korre-
lations- oder von Regressionsverfahren.

Wir wollen hier nicht näher auf die einzelnen Analyseverfahren einge-
hen, sondern verweisen auf die einschlägige Literatur (z.B.
B e n n i n g h a u s 1982, K r i z 1973).

Wozu können uns bivariate Analysen nützen, wenn wir auf das Zustandekommen sozialwissenschaftlicher Aussagen hinzielen? Nun, in erster
Linie sollen sie dazu dienen, Zusammenhänge aufzuzeigen, die später in
komplexere multivariate Analyseverfahren aufgenommen werden können.

Erinnern wir uns kurz: Wir wollten uns, nach der Explikation der Hypo-
thesen in Abschnitt 4.5, beschäftigen mit der Repräsentativität nega-
tiver Einstellungen zu Gastarbeitern - diese Frage haben wir mittler-
weile beantwortet - sowie mit dem Zusammenhang zwischen objektivem Sta-
tus und Einstellungen, Erfahrung von Arbeitslosigkeit und Einstellungen
sowie Kontakten und Einstellungen.

Beginnen wir mit dem Zusammenhang von objektivem Status und Einstellun-
gen zu Gastarbeitern. "Objektiver Status" ist eine "latente", also eine
nicht direkt meßbare bzw. gemessene Variable. Für die Betrachtung
eines bivariaten Zusammenhangs mit Einstellungen zu Gastarbeitern kann
sie von daher - und aufgrund der Erwartung, daß sie sich aus mehreren
gemessenen Variablen bildet - nicht eingesetzt werden. Auf der anderen
Seite kann man zunächst nach einem Zusammenhang fragen zwischen den

*objektiven Status bildenden Einzelvariablen und den Einstellungs-Items.
Als gängige Variablen zur Bestimmung von objektivem Status werden z.B.
Schulbildung, Berufsausbildung, Berufsstatus (oder Berufsprestige) und
Einkommen verwandt. Für jede dieser Variablen fragen wir deshalb nach
ihrem Zusammenhang mit Einstellungen zu Gastarbeitern. Dabei ergibt
sich folgende Tabelle:*

*Tabelle 6: Korrelationen zwischen statusbildenden Variablen und
Einstellungen zu Gastarbeitern (Korrelationskoeffizient
P e a r s o n s r)*

	Lebensstil	Arbeitsplatz	Politik	Ehepartner
Schulbildung	-.29+	-.28+	-.26+	-.23+
Berufsausbildung	-.14+	-.16+	-.14+	-.14+
Einkommen	-.04	-.09	-.06	-.05
Berufsprestige	-.02	-.06+	-.02	-04

+ bedeutet signifikant unter .001

Zwar lassen sich im großen und ganzen keine besonders hohen Korrelationen nachweisen, doch zeigt sich ein deutlicherer, signifikanter
Zusammenhang zwischen Schulbildung, aber auch Berufsausbildung und Einstellungen zu Gastarbeitern. Etwas pauschal formuliert: Je höher die
Schulbildung und die Berufsausbildung, desto geringer das verbale Diskriminierungsverhalten gegenüber Gastarbeitern. Die beiden anderen
Variablen, Einkommen und Berufsprestige, stehen in keinem nennenswer-
ten Zusammenhang mit den Einstellungs-Items.

Wie sieht es nun aus mit Erfahrung von Arbeitslosigkeit (operationalisiert durch aktuelle oder frühere Arbeitslosigkeit) und Einstellungen
zu Gastarbeitern?

Da die Variablen zur Erfahrung von Arbeitslosigkeit nominal gemessen
sind (arbeitslos vs. nicht arbeitslos, arbeitslos gewesen vs. nicht
arbeitslos gewesen), die Einstellungs-Items aber mindestens ordinal
skaliert sind, verwenden wir als Zusammenhangsmaß C r a m e r 's V.
Dieser Koeffizient (0 kleiner/gleich V kleiner/gleich 1) gibt nicht

die Richtung der Beziehung zwischen Variablen an (was bei nominal ska-
lierten Variablen auch wenig Sinn machte), sondern nur deren Stärke.
Aussagen über die "Richtung" der Beziehung sind jedoch über die Betrachtung der der Berechnung des Zusammenhangsmaßes zugrundeliegenden Kreuztabellen möglich.

Tabelle 7· Erfahrung von Arbeitslosigkeit und Einstellungen zu Gast-
           arbeitern (C r a m e r 's V)

	Lebensstil	Arbeitsplatz	Politik	Ehepartner
arbeitslos				
ja - nein	.07	.08	.04	.11
arbeitslos gewesen				
ja - nein	.06	.05	.05	.12

Aus der Tabelle ist zu sehen, daß bivariat zwischen den geprüften Variablen praktisch keine Beziehung besteht (als Faustregel: wenn V größer
oder gleich .20 ist, spricht man von einem Zusammenhang, allerdings
noch nicht von einem starken Zusammenhang; von einem starken Zusammenhang kann man sprechen wenn V größer oder gleich .40 ist).

Zum Abschluß der bivariaten Analysen betrachten wir noch den Zusammenhang zwischen Kontakten zu Gastarbeitern und Einstellungen zu ihnen,
auch dieses vermittels des Koeffizienten C r a m e r 's V (s. Tabelle 8, Seite 126).

Auch hier also praktisch keine Zusammenhänge, sieht man von der letzten Zeile der Tabelle ab. Kontakte zu Gastarbeitern im Freundes- und
Bekanntenkreis haben einen zwar offensichtlich schwachen aber immerhin nachweisbaren Zusammenhang mit Einstellungen zu Gastarbeitern.
Aus der Betrachtung der Kreuztabellen ist folgende "Richtungs"aussage
zu machen: Wer Kontakte zu Gastarbeitern im Freundes- und Bekanntenkreis hat, diskriminiert Gastarbeiter auf verbaler Ebene weniger als
es Personen tun, die keine solchen Kontakte haben.

Tabelle 8: <u>*Kontakte zu Gastarbeitern und Einstellungen zu Gastarbeitern*</u>
(C r a m e r 's V)

	Lebensstil	*Arbeitsplatz*	*Politik*	*Ehepartner*
Kontakte in der				
Familie ...	*.02*	*.10*	*.06*	*.11*
Kontakte am Ar-				
beitsplatz	*.10*	*.10*	*.08*	*.13*
Kontakte in der	*.08*	*.07*	*.07*	*.07*
Nachbarschaft				
Kontakte im Freun-				
deskreis ...	*.19*	*.22*	*.18*	*.24*

Bildet man die unter 4.7.1 bereits angedeutete Variable "Kontakte zu
Gastarbeitern nach Zahl der Kontaktfelder" (im folgenden "Index Kontakte" genannt), also eine mindestens ordinal skalierte Variable, ergeben sich zu den Einstellungs-Items folgende Korrelationen:

Tabelle 9: <u>*Einstellungen zu Gastarbeitern nach "Index Kontakte"*</u>*(Korre-*
lationskoeffizient P e a r s o n s r)

	Lebensstil	*Arbeitsplatz*	*Politik*	*Ehepartner*
Index Kontakte				
(0, 1, 2, 3, 4				
Kontaktfelder)	*-.12+*	*-.16+*	*-.12+*	*-.20+*

+ bedeutet signifikant unter .001

Es gibt also zwar relativ schwache, aber sehr signifikante Beziehungen
zwischen der Zahl der Kontaktfelder und Einstellungen zu Gastarbeitern:
Je größer die Zahl der Kontaktfelder, in denen man Kontakte zu Gastarbeitern hat, umso geringer ist die Bereitschaft, sie verbal zu diskriminieren.

Aus der Summe der bisher durchgeführten Analysen ergibt sich also, daß eine ganze Reihe derjenigen Variablen, von denen wir eine Beziehung zu Einstellungen zu Gastarbeitern erwartet haben, zumindest auf bivariater Ebene dieser Erwartung nicht gerecht wurden. Von den sozioökonomischen Variablen haben sich vor allem Schulbildung, in geringerem Maße Berufsausbildung, als Determinanten von Einstellungen zu Gastarbeitern erwiesen, von den Kontaktvariablen nur "Kontakte im Freundes- und Bekanntenkreis" und der "Index Kontakte". Erfahrung von Arbeitslosigkeit, sei es aktuelle oder frühere Arbeitslosigkeit, hat dagegen auf bivariater Ebene keinen Einfluß.

Die Ergebnisse der bivariaten Analysen sind also alles in allem relativ wenig aussagekräftig, wenn es um die Frage nach Einstellungen zu Gastarbeitern geht. Wie wir im folgenden Abschnitt darstellen wollen, ergibt erst die multivariate Analyse brauchbare Ergebnisse für die Erklärung von Einstellungen zu Gastarbeitern über sozioökonomische Determinanten und Kontakte.

4.7.3 Multivariate Analysen

Multivariate Analysen sind, wie der Name sagt, Analysen, bei denen mehrere Variablen in die Berechnung von Erklärungszusammenhängen eingebracht werden; der Komplexität sozialer Tatbestände wird damit zwar nicht annähernd, aber doch besser Rechnung getragen, als dies etwa bei monokausalen, bivariaten Erklärungsversuchen der Fall ist. Auch für multivariate Analysen gilt, daß die Auswahl des spezifischen Analyseverfahrens abhängig ist von der Art der Daten und von den Fragestellungen der Analyse.

Wie bereits in den vorhergehenden Abschnitten werden wir auch jetzt nicht auf die Art des Analyseverfahrens und die entsprechenden methodischen Grundlagen eingehen, sondern wiederum fragen, in welcher Weise der hier als multivariates Analyseverfahren bezeichnete Schritt des Vorgehens zum Zustandekommen der eingangs formulierten Aussage über die Erklärung von Einstellungen zu Gastarbeitern beigetragen hat.

Das multivariate Analyseverfahren, über dessen <u>Ergebnisse</u> wir hier berichten und das auch von K r a u t h und P o r s t (1984) angewandt
worden war, wird "LISREL" genannt. LISREL ist eine statistische Methode
und ein dazugehöriges Computerprogramm, das von J o e r e s k o g und
S ö r b o m (1978, 1982) entwickelt worden ist. Zu dem Verfahren selbst
wollen wir im folgenden nur wenig sagen, gerade soweit es notwendig ist
zum Verständnis des Vorgehens - ansonsten verweisen wir auf die genannte
Literatur.

Beginnen wir mit der Darstellung und Erklärung des LISREL-Modells "Determinanten von Einstellungen zu Gastarbeitern" (K r a u t h und
P o r s t 1984). Betrachten wir dazu Abb. 7 (Seite 129).

*LISREL-Modelle setzen sich aus zwei Teilen zusammen. Die Kreise im Mo-
dell und die zwischen ihnen bestehenden, durch Pfeile markierten Beziehungen bilden das sog. Strukturgleichungsmodell, welches ein System
theoretischer Sätze darstellt. Die als Kreise abgebildeten "Variablen"
sind latente, nicht direkt meßbare Konstrukte. Das sog. Meßmodell ist
ein System expliziter Korrespondenzhypothesen, welches die Beziehungen
zwischen den latenten Konstrukten und ihren direkt meßbaren, als Rechtecke gezeichneten Indikatoren wiedergibt. Der Vorteil von LISREL ist
darin zu sehen, daß es zum expliziten Test sowohl des theoretischen
Kerns (d.h. des Strukturgleichungsmodells) als auch der Meßtheorie
(also des Meßmodells) verwandt werden kann.*

Das hier dargestellte Modell hat im wesentlichen folgende Aussage: Das
latente, nicht direkt meßbare Konstrukt "Einstellungen zu Gastarbeitern"
(η_4; eine bessere Bezeichnung dafür wäre eigentlich "verbale Diskriminierungsbereitschaft gegenüber Gastarbeitern" gewesen), das gemessen
wird über die (bereits bekannten) vier Einstellungs-Items

    A) Lebensstil (y_5)
    B) Arbeitsplatz (y_6)
    C) Politik (y_7)
    D) Ehepartner (y_8)

unter Berücksichtigung eines Meßfehlers (ζ_4), wird direkt beeinflußt

Abb. 7: <u>Determinanten von Einstellungen zu Gastarbeitern - ein LISREL-Modell</u>

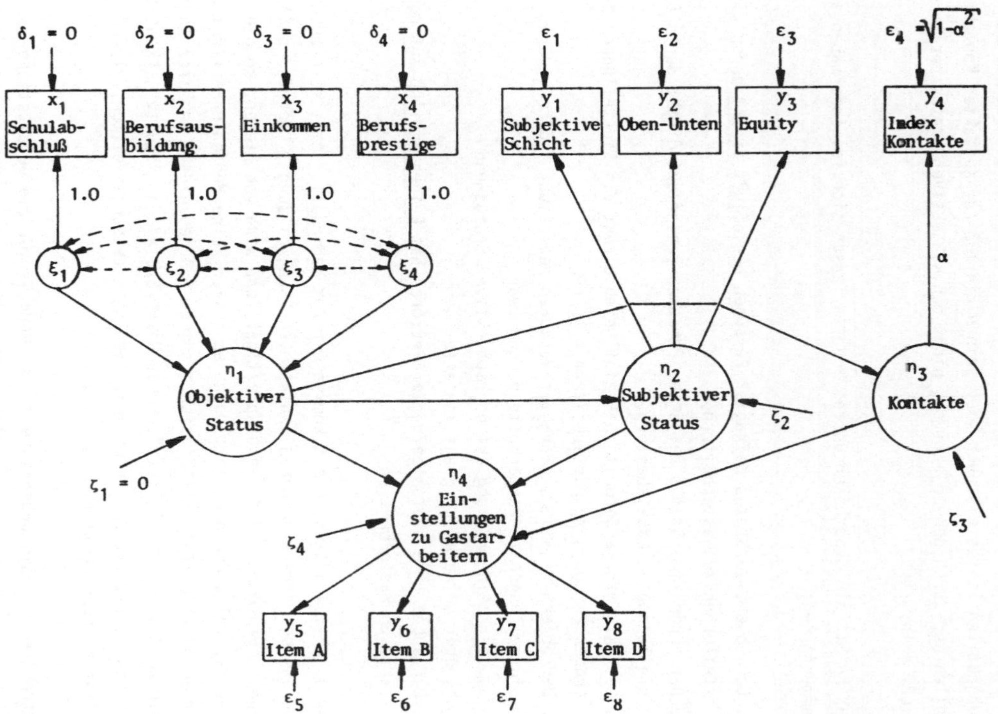

durch die ebenfalls latenten und nicht direkt meßbaren Konstrukte η_1 = "Objektiver Status", η_2 = "Subjektiver Status" und η_3 = "Kontakte". Daneben soll der objektive Status auch noch indirekt auf Einstellungen zu Gastarbeitern wirken, und zwar sowohl über seinen Einfluß auf den subjektiven Status als auch über seinen Einfluß auf Kontakte. Kontakte sollen nur durch den objektiven, nicht den subjektiven Status beeinflußt sein.

Das heißt, die Hypothesen unsres Modells lassen sich folgendermaßen zusammenfassen:

1. Der objektive Status befragter Personen beeinflußt <u>direkt</u> deren Einstellungen zu Gastarbeitern.
2. Der subjektive Status befragter Personen beeinflußt <u>direkt</u> deren Einstellungen zu Gastarbeitern.
3. Kontakte mit Gastarbeitern beeinflussen <u>direkt</u> die Einstellungen befrager Personen zu Gastarbeitern.
4. Der objektive Status befragter Personen beeinflußt <u>indirekt</u> deren Einstellungen zu Gastarbeitern, und zwar
   a) über seine Wirkung auf den subjektiven Status und
   b) über seine Wirkung auf Kontakte.
5. Der subjektive Status befragter Personen hat <u>keinen Einfluß</u> auf Kontakte zu Gastarbeitern.

Der objektive Status, damit kommen wir zum <u>Meßmodell</u>, setzt sich zusammen aus den direkt meßbaren Indikatoren "Schulbildung", "Berufsausbildung", "Einkommen" und "Berufsprestige" (und wird von diesen, so die Annahme, vollständig erklärt, d.h. es sollen keine Meßfehler auftreten). Der subjektive Status setzt sich zusammen aus den direkt meßbaren Indikatoren "Subjektive Schicht", "Oben-Unten-Skala" und "Equity". "Kontakte" schließlich werden durch den, oben bereits dargestellten, "Index Kontakte" repräsentiert.

Betrachten wir die Ergebnisse dieses Modells für die Gesamtstichprobe des ALLBUS 1980 (s. Abb. 8, Seite 131), und zwar zunächst für das Meßmodell, dann für das Strukturgleichungsmodell:

Abb. 8: <u>Determinanten von Einstellungen zu Gastarbeitern - Ergebnis für die Gesamtstichprobe</u>

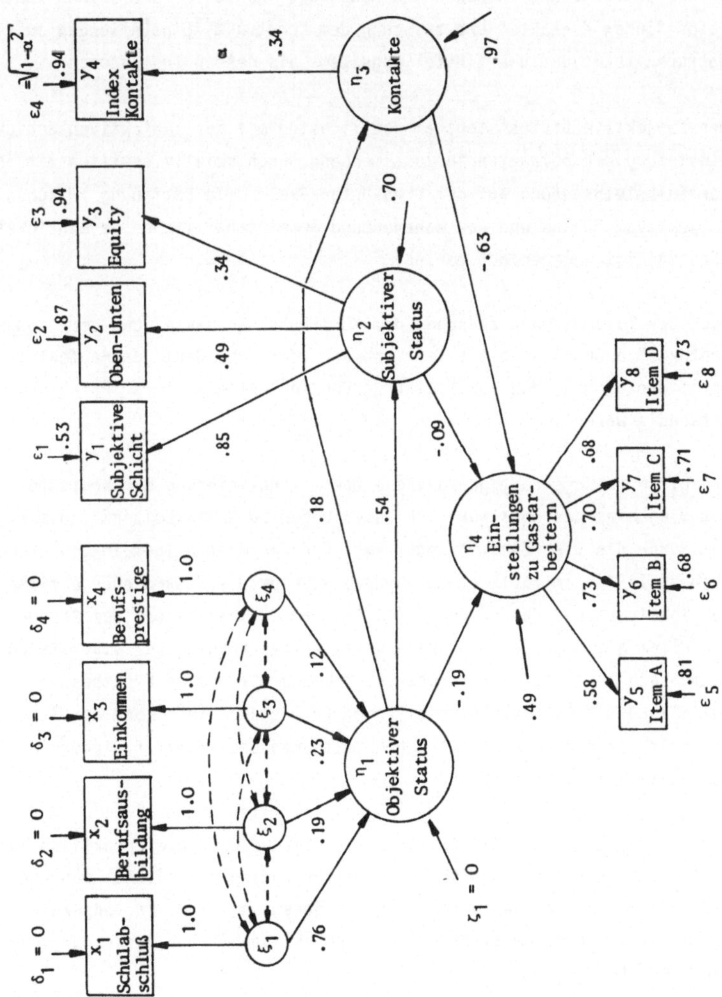

<u>Meßmodell</u>: Die theoretischen Konstrukte ξ_1 bis ξ_4 haben wir im Modell jeweils als durch einen einzigen Indikatoren gemessen und vollständig erklärt angenommen. Damit ist dieser Teil des Meßmodells nicht variabel. Variabel bleiben die Beziehungen zwischen dem subjektiven Status und seinen Indikatoren, zwischen dem Konstrukt "Kontakte" und seinem Indikator "Index Kontakte" und zwischen dem Konstrukt "Einstellungen zu Gastarbeitern" und den Einstellungsitems als dessen Indikatoren.

Der subjektive Status steht am deutlichsten mit der subjektiven Schichteinstufung der Befragten in Zusammenhang, noch relativ deutlich mit ihrer Selbsteinstufung auf der Oben-Unten-Skala. Die Beziehung zwischen subjektivem Status und der Wahrnehmung gesellschaftlicher Gerechtigkeit (Equity) ist dagegen nur gering.

Auch der Zusammenhang zwischen dem Konstrukt "Kontakte" und dem "Index Kontakte" erweist sich als sehr schwach (der hohe Wert des Meßfehlers weist darauf hin, daß zur Erklärung von Kontakten weitere Indikatoren notwendig wären).

Erheblich aussagekräftiger als die Operationalisierung der Kontakte ist diejenige des Konstrukts "Einstellungen zu Gastarbeitern", gemessen durch die vier Einstellungsitems. Nur das eher allgemein gehaltene "Lebensstil"-Item fällt etwas zurück, während die Zusammenhänge zwischen dem Konstrukt und dem "Arbeitsplatz"-, dem "Politik"- und dem "Ehepartner"-Item als sehr deutlich bezeichnet werden können. Der stärkste Zusammenhang besteht, dies in Übereinstimmung mit unsren Hypothesen, zwischen dem Konstrukt "Einstellungen zu Gastarbeitern" und dem Item "Wenn Arbeitsplätze knapp werden, sollte man Gastarbeiter wieder in ihre Heimat zurückschicken".

<u>Strukturgleichungsmodell</u>: Der objektive Status wird hier praktisch ausschließlich durch die Schulbildung der Befragten beeinflußt, während die anderen Indikatoren von geringerer Bedeutung sind. Der objektive Status wirkt recht deutlich auf den subjektiven Status, aber nur schwach auf Kontakte.

Weiterhin kann festgestellt werden, daß weder der objektive noch der subjektive Status der Befragten einen _deutlichen_ Einfluß auf ihre Einstellungen zu Gastarbeitern haben, der objektive Status aber dennoch eine gewisse Erklärungskraft für Einstellungen zu Gastarbeitern hat. Die noch unzureichend operationalisierte Variable "Kontakte" wirkt sich am deutlichsten auf die Einstellungen zu Gastarbeitern aus. Das heißt inhaltlich, daß mit zunehmender Häufigkeit von Kontaktfeldern den Einstellungs-Items zunehmend weniger zugestimmt wird. Je geringer aber die Zustimmung zu diesen Items ausfällt, umso geringer ist die verbale Diskriminierung von Gastarbeitern. Das heißt, bei der Stichprobe des ALLBUS 1980 reduzieren Kontakte zu Gastarbeitern deren Diskriminierung, zumindest auf verbaler (!) Ebene.

Es wird sicher aufgefallen sein, daß wir bisher die Variablen zur Erfahrung von Arbeitslosigkeit unberücksichtigt ließen. Wir wollen nun darauf zurückkommen und wählen folgendes Verfahren: Da sich das bestehende Modell zur Erklärung von Einstellungen zu Gastarbeitern bewährt hat (gemessen an den Koeffizienten zur Prüfung der Gültigkeit des Modells), behalten wir es bei und teilen die Stichprobe in zwei Gruppen, nämlich in Personen _mit_ und Personen _ohne_ Erfahrung von Arbeitslosigkeit. Für diese beiden Gruppen rechnen wir das Modell durch, d.h. wir prüfen den postulierten Zusammenhang zwischen objektivem und subjektivem Status, Kontakten und Einstellungen unter Berücksichtigung der Erfahrung bzw. Nicht-Erfahrung von Arbeitslosigkeit. Über Erfahrung mit Arbeitslosigkeit wird die Dimension der Wettbewerbserfahrung angesprochen. Wir stellen diese beiden Modellprüfungen nicht mehr explizit dar (vgl.dazu K r a u t h und P o r s t 1984), sondern fassen die Ergebnisse zusammen.

Im _Strukturgleichungsmodell_ fallen zwei deutliche Unterschiede zwischen den beiden Gruppen ins Auge. Bei der Bestimmung des objektiven Status, dies ist der erste Unterschied, spielen die Berufsausbildung und das Berufsprestige bei der Gruppe Erfahrung mit Arbeitslosigkeit eine deutlich stärkere Rolle als bei der Gruppe ohne Erfahrung mit Arbeitslosigkeit, bei der dafür das Einkommen etwas stärker auf den objektiven Status wirkt. Der zweite Unterschied betrifft die Beziehung zwischen

Kontakten- und Einstellungen: Bei den "Arbeitslosen" stehen Kontakte in einem deutlich niedrigeren Zusammenhang mit Einstellungen als bei den "Nicht-Arbeitslosen". Ganz im Sinne der Erwartungen hinsichtlich Wettbewerbserfahrung wird bei "Nicht-Arbeitslosen" (wie auch bei der Gesamtstichprobe) mit zunehmender Kontakthäufigkeit (als Summe von Kontakten in unterschiedlichen Handlungsfeldern) geringere Diskriminierung verbalisiert, während "Arbeitslose" den Items relativ stärker (genauer: relativ weniger schwach) zustimmen, also relativ stärker diskriminieren. Dies könnte ein Effekt der Wettbewerbserfahrung der "Arbeitslosen" sein.

Im _Meßmodell_ unterscheiden sich die beiden Gruppen vor allem hinsichtlich der Items "Arbeitsplatz" und "Politik", der stärkste Unterschied ergibt sich, auch dies erwartungsgemäß, beim Item "Arbeitsplatz". "Arbeitslose" reagieren offensichtlich zustimmender auf die Aussage, man solle Gastarbeiter wieder in ihre Heimat zurückschicken, wenn Arbeitsplätze knapp würden. Das heißt, im Bereich Arbeit und Beruf, wo tatsächlicher Wettbewerb mit Gastarbeitern (zumindest auf der Ebene individueller Wahrnehmungen und Befürchtungen) erfahren wird und allgemein eher zu erwarten ist, treten verbale Diskriminierungen am stärksten auf.

Aufgrund dieser Ergebnisse gehen wir davon aus, daß hinsichtlich der Einstellungen zu Gastarbeitern deutliche Unterschiede bestehen zwischen Personen mit Erfahrung von Arbeitslosigkeit und Personen ohne solche Erfahrungen, und wir führen diese Unterschiede zurück auf die Dimension des tatsächlich erfahrenen Wettbewerbs.

Fassen wir das Ergebnis der gesamten Analysen zusammen:

Negative Einstellungen zu Gastarbeitern und Diskriminierungen auf verbaler Ebene sind kein repräsentatives Einstellungsmuster der bundesdeutschen Gesellschaft, sondern relativ häufiger bei Personen mit niedrigerem objektiven Status zu finden.

Erfahrungen mit Wettbewerb im sozioökonomischen Bereich, vor allem als

Konkurrenz um Arbeitsplätze, verstärken offensichtlich die Diskriminierungsbereitschaft, während tatsächliche Kontakte in jedem Falle eine
wichtige Rolle bei der Verhinderung bzw. Reduzierung von Diskriminierungen spielen.

Dies ist genau die sozialwissenschaftliche Aussage, deren Zustandekommen wir erklären wollten.

4.8 Das Zustandekommen sozialwissenschaftlicher Aussagen - Überblick

Fassen wir die Darstellung des Zustandekommens sozialwissenschaftlicher
Aussagen als realen Forschungsvorgehens zusammen, wobei wir berücksichtigen müssen, daß es sich dabei um eine, noch dazu spezifische, Form
sekundäranalytischer Auswertung handelte.

1. Ausgangspunkt: Vorhandensein eines zur Sekundäranalyse zugänglichen
                  Datensatzes.
2. Definition des Erkenntnisinteresses: Sichtung der Daten nach inhalt-
                  lichen Themenbereichen, Definition der punktuellen
                  Fragestellung, Sichtung der dazu in Frage kommenden
                  Variablen des Datensatzes.
3. Bearbeitung der Literatur: Einstieg in die Problematik, Überblick
                  über den Stand der Forschung, Angebote theoretischer
                  Bezugsrahmen, Hilfestellung bei der Formulierung der
                  Hypothesen, Anregungen.
4. Formulierung des theoretischen Bezugsrahmens: Auswahl und Darstel-
                  lung des allgemeinen Rahmens für die Erklärung und/
                  oder Prognose.
5. Formulierung der Hypothesen: Explikation der aus dem theoretischen
                  Rahmen ableitbaren erwarteten Zusammenhänge.
6. Prüfung der Operationalisierung: Art und Qualität der Meßinstrumen-
                  te, Eignung für die Fragestellung.
7. Analysen: Analysen unterschiedlicher Komplexität. Betrachtung von
                  Randverteilungen, bivariate, multivariate Analysen,
                  Beschreibung und Interpretation der Ergebnisse.

Da Wissenschaft als System absolut undenkbar ist ohne Kommunikation und
Diskussion von Ergebnissen, muß der letzte Schritt in der - wie auch
immer gearteten - Publikation der Analysen und Ergebnisse bestehen.

5. Umfragedaten als Grundlage sozialwissenschaftlicher Aussagen: Ausgewählte Ergebnisse des ALLBUS 1980

In diesem Kapitel wird aufgezeigt werden, zu welchen Ergebnissen man
auf der Basis von Umfragedaten aus Mehrthemenerhebungen kommen kann
und zugleich, wie diese Ergebnisse selbst wieder mit der Begrifflich-
keit von Umfragen kritisch hinterfragt werden können. Dazu wird ein
knapper Überblick gegeben über eine Reihe inhaltlicher und methodischer Ergebnisse, die unter Verwendung von Daten des ALLBUS 1980 erzielt worden sind.[1]

Diesem Überblick liegt eine Gliederung zugrunde, welche die zu beschreibenden Arbeiten nach ihrem Schwerpunkt vereinfachend in inhaltliche
und methodische Analysen unterteilt, ohne daß in den meisten Fällen
eine exakte Grenze hätte gezogen werden können.

Der Überblick alleine ist sicherlich bereits inhaltlich von unmittel-
barem Interesse. Vor allem aber läßt er erkennen, daß die Möglichkeiten
der Sekundäranalyse von Mehrthemen-Umfragen wie dem ALLBUS 1980 sehr
weit in das Spektrum der empirischen Sozialforschung gestreut sind.
Schließlich soll damit auch die beschreibende und erklärende Qualität
der ALLBUS-Daten für sozialwissenschaftlich relevante Tatbestände verdeutlicht werden.

Auf der anderen Seite soll aber auch zur kritischen Würdigung der dargestellten Ergebnisse angeregt werden, sei es, indem Kritikpunkte ex-

---

1) Der Bericht über die ALLBUS-Ergebnisse beschränkt sich im wesentlichen auf Arbeiten, die vor 1984 veröffentlicht worden sind und stellt
   auch davon nur eine Auswahl dar. Einen aktuellen Überblick über
   ALLBUS-Ergebnisse gibt die jeweils neueste Auflage der "ALLBUS -
   Bibliographie", die beim Verfasser über die Postadresse ZUMA, Postfach 5969, D-6800 Mannheim, angefordert werden kann.

plizit ausgeführt werden, sei es, indem solche Kritikpunkte nur angedeutet werden und dem Leser damit die Möglichkeit geboten wird, selbst
Position zu beziehen. Wir halten die Gefahr für nicht unerheblich -
und die Verwendung von Umfrageergebnissen in anderen als unmittelbar
wissenschaftlichen Kontexten scheint uns recht zu geben - daß alleine
die Veröffentlichung und optisch ansprechende Darstellung von Umfrageergebnissen dazu führen kann, diese ohne Nachfragen als "wahr" zu akzep-
tieren. Wir halten andererseits die kritische Prüfung noch so erschla-
gend und endgültig formulierter Aussagen für eine wichtige Triebfeder
wissenschaftlicher Arbeit.

5.1 Inhaltliche Ergebnisse

Der Schwerpunkt der ALLBUS-Nutzung liegt ganz eindeutig auf Analysen
zu inhaltlichen Fragestellungen, und hier vor allem auf solchen Arbeiten, die man im weitesten Sinne als Einstellungsanalysen bezeichnen
könnte. Daneben liegen aber auch erste Verhaltens- und Sozialstrukturanalysen sowie Netzwerkanalysen vor.

5.1.1 Einstellungen

Einstellungsanalysen mit Daten des ALLBUS 1980 gibt es unter anderem
innerhalb der thematischen Bereiche Ehe und Familie, soziale Ungleichheit, Gastarbeiter, Behörden und Politik.

5.1.1.1 Ehe und Familie

Mit Einstellungen zu Ehe, Familie und Partnerschaft in der jüngeren
Generation beschäftigt sich eine Arbeit von Lothar K r e c k e r
(1981), die im wesentlichen auf Daten der EMNID-Studie zur Situation
der Jugend 1977 (Zentralarchiv-Nr. 0925) beruht. Die junge Generation,
so K r e c k e r s Fazit, zeigt sowohl im Verhalten als auch in ihren Einstellungen und Wertorientierungen in bezug auf Partnerschaft
deutlich monogame Züge, ohne jedoch polygame Elemente auszuschließen.
Mit der Zunahme der Zahl junger Menschen, "die den von der Gesellschaft
nicht mehr sanktionierten, ja mehr und mehr ausdrücklich tolerierten

Modus des Zusammenlebens mit dem Partner ohne Eheschließung der Heirat
vorziehen" (K r e c k e r 1981, S. 75), korrespondiert die Bewertung der
Ehe in der Gesamtgesellschaft: Nur knapp zwei Drittel der Befragten
des ALLBUS 1980 vertreten die Ansicht, man solle heiraten, wenn man
mit einem Partner auf Dauer zusammenleben wolle. Dieses Ergebnis läuft
aber, so K r e c k e r (1981, S. 75) "nicht auf eine generelle Negierung
der Ehe oder eine grundsätzliche Abkehr von der Familie" hinaus. Vielmehr nehmen "eigene Familie und Kinder" bei der Bewertung der Wichtigkeit verschiedener Lebensbereiche "eine herausragende ... Sonderstel-
lung ein" (ebenda).

Anahnd der Daten des ALLBUS 1980 als einer für die erwachsene Bevölkerung der Bundesrepublik repräsentativen Umfrage stellt K r e c k e r
fest, daß Ehe und Familie noch immer zentrale Dimensionen sowohl im
Verhalten als auch in den Wertorientierungen der Menschen darstellen
und daß zugleich eine generelle Negierung der Ehe und eine grundsätzliche Abkehr von der Familie nicht zu erkennen sei. Einmal abgesehen
davon, daß K r e c k e r nicht darauf eingeht, wie sich die Einstellungen zu Ehe und Familie in den letzten Jahren entwickelt haben - was
er mit einer einzelnen Querschnittserhebung natürlich auch gar nicht
leisten kann - hätte er doch, gerade im Kontext seiner inhaltlichen
Thematik, danach fragen sollen, ob es hier Unterschiede gibt zwischen
jüngeren und älteren Personen. Wenn er schon feststellt, daß Jüngere
im Verhalten abkommen von einer formalen Eheschließung und statt dessen
das unverheiratete Zusammenleben für sie real mehr an Bedeutung gewinnt,
hätte er die Einstellungen zu Ehe und Familie speziell bei den Jüngeren
im Vergleich mit den älteren Personen untersuchen sollen.

Wenn man dies tut, zeigt sich, daß die Jüngeren zwar auch eine positive
Grundeinstellung zu Ehe und Familie äußern, aber doch weitaus weniger
ausgeprägt als die älteren Personen.

Nach der Wichtigkeit des Lebensbereiches "Eigene Familie und Kinder"
befragt, stufen im ALLBUS 1980 51,5% der 18 - 29-Jährigen diesen Bereich auf einer Siebener-Skala mit den Endpunkten "unwichtig" und
"sehr wichtig" als sehr wichtig ein; bei den anderen Befragten (30 Jahre

und älter) sind es rund 20% mehr, nämlich 70,5%, die diesen Lebensbereich für sehr wichtig halten (eta = .21). Faßt man die Beurteilungsskala zusammen, ergibt sich das folgende Bild:

Tabelle 10: <u>Wichtigkeit von "Eigene Familie und Kinder" nach dem Alter</u>
<u>der Befragten</u>

<u>Skalenpunkte</u>	Alter der Befragten		
	18 - 29 Jahre	Alle Befragten	30 Jahre und älter
"Unwichtig"	94	209	115
(01, 02, 03)	15,8%	7,1%	4,9%
"Neutral"	59	149	90
(04)	9,9%	5,1%	3,8%
"Wichtig"	441	2588	2147
(05, 06, 07)	74,2%	87,8%	91,3%
	100 %	100 %	100 %
	N = 594	N = 2946	N = 2352

Daß man eine Familie braucht, um wirklich glücklich zu werden, glauben 77,1% der "Älteren" (30 Jahre und älter), aber nur 53,5% der 18 - 29-Jährigen. Dagegen meinen 33,3% der "Jüngeren", daß man alleine genauso glücklich leben könne; diese Meinung vertreten von den "Älteren" nur noch 15,5% (eta = .16).

Besonders deutlich ist der Unterschied in der Beurteilung der Ehe als Voraussetzung für ein dauerhaftes Zusammenleben von Partnern. Zwar sind es, wie K r e c k e r richtig bemerkt, nur zwei Drittel der ALLBUS-Befragten, die sagen, man solle heiraten - bei den 18 - 29-Jährigen sind es aber sogar nur noch 41,2%, während es bei den "Älteren" doch immerhin 73,8% sind. Auf der anderen Seite ist fast die Hälfte der "Jüngeren" der Ansicht, man müsse nicht unbedingt heiraten; im Gegensatz dazu vertreten nur 14,6% der "Älteren" diese Ansicht (eta =

.29).

Zwei Schlüsse lassen sich aus diesen Anmerkungen zu K r e c k e r
(1981) ziehen. Inhaltlich kann gefolgert werden, daß zwar in der Gesamtgesellschaft Ehe und Familie eine sehr hohe Wertschätzung erfahren,
daß aber besonders bei Jüngeren hier eine deutlich weniger positive Bewertung dieser beiden Institutionen zu verzeichnen ist. Methodisch ergibt sich daraus, daß es oft sehr hilfreich und sinnvoll sein kann,
nicht nur die Daten für eine repräsentative Stichprobe als Ganzes zu
interpretieren, sondern auch die Ergebnisse für inhaltlich angemessen
definierte Subgruppen dieser Stichprobe.

5.1.1.2 "Soziale Topologie" und Wahrnehmung von Ungleichheit

Unter "soziale Topologie" versteht man das Zusammenspiel struktureller
Dimensionen einer räumlich angeordneten Gesellschaftsvorstellung. Der
Begriff wird im ALLBUS 1980 durch die "Links-Rechts-Skala" und die
"Oben-Unten-Skala" operationalisiert.

Die Links-Rechts-Skala ist ein "traditionelles" Instrument der sozialwissenschaftlichen Umfrageforschung und fordert die Befragten auf, sich
bezüglich ihrer politischen Ansichten selbst auf einer von "links"
nach "rechts" verlaufenden 10-Punkte-Skala einzuordnen (Darstellung
und Kritik des Instruments findet sich unter anderem bei K l i n g e -
m a n n und P a p p i 1972, K l i n g e m a n n 1972, I n g l e -
h a r t und K l i n g e m a n n 1976, G i b o w s k i 1977).

Die Oben-Unten-Skala wurde im ALLBUS 1980 zum erstenmal in einer bundesweiten Umfrage eingesetzt. Auch sie ist eine, nun aber vertikal
angeordnete, 10-Punkte-Skala mit den Endpunkten "unten" und "oben".
Wie die Links-Rechts-Skala geht auch die Oben-Unten-Skala zurück auf
Überlegungen von L a p o n c e (1972, 1975, 1978) zum Zusammenhang
zwischen räumlich-physischen und sozialen Phänomenen.

Unter der bewußt unspezifisch gehaltenen Einleitung, es gebe in der
Gesellschaft "Bevölkerungsgruppen, die eher oben stehen und solche,

die eher unten stehen", werden die Befragten aufgefordert, ihren eigenen Standpunkt in der Gesellschaft durch Einstufung auf dieser Skala
zu beschreiben.

Für die gesamte ALLBUS-Stichprobe erwies sich die Oben-Unten-Skala als
in etwa symmetrisch zu einer relativ breiten Mittelkategorie:

Abb. 9: <u>Verteilung der Befragten auf der "Oben-Unten-Skala"</u>

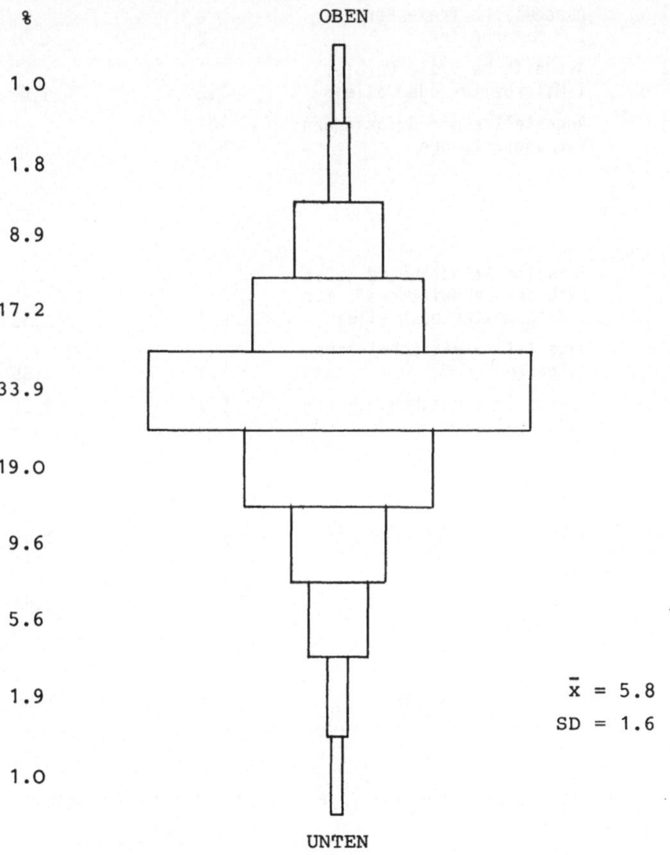

Die Einstufung auf der Oben-Unten-Skala steht in deutlichem Zusammenhang mit der beruflichen Stellung der Befragten: Personen mit hoher beruflicher Stellung ordnen sich eher oben auf der Skala, Personen mit niedriger beruflicher Stellung eher unten ein (s. Tabelle 11).

Tabelle 11: <u>Zusammenhang zwischen beruflicher Stellung und Einstufung auf der Oben-Unten-Skala im ALLBUS 1980 (Auszüge)</u>

Rang	Berufliche Stellung	Mittelwert	Standardabweichung
1	Akademische freie Berufe, 2-9 Mitarbeiter	7.2	0.91
2	Akademische freie Berufe, 1 Mitarbeiter oder allein	7.2	1.62
3	Angestellte mit umfassenden Führungsaufgaben	6.9	1.88
.			
.			
.			
10	Sonstige Selbständige außerhalb der Landwirtschaft mit 1 Mitarbeiter oder allein	6.0	1.53
11	Angestellte mit schwierigen Aufgaben	6.0	1.35
12	Beamte im einfachen Dienst	5.9	1.57
.			
.			
.			
17	Gelernte und Facharbeiter	5.4	1.49
.			
19	Angelernte Arbeiter	5.2	1.64
.			
.			
22	Ungelernte Arbeiter	4.9	1.86

Auffällig ist die besonders niedrige Selbsteinstufung der selbständigen Landwirte:

Tabelle 12: <u>Selbsteinstufung der selbständigen Landwirte auf der Oben-Unten-Skala</u>

Rang	Berufliche Stellung	Mittelwert	Standardabweichung
18	Selbständige Landwirte, 20 ha und mehr	5.3	1.59
20	dito, unter 10 ha	5.1	1.78
21	dito, 10 ha bis unter 20 ha	5.0	1.56

Die Wahrnehmung gesellschaftlicher Gerechtigkeit ist im übrigen auch ein Aspekt der Arbeiten von M r o h s (1981) und P a s c h e r (1981). Sie benutzen die entprechenden ALLBUS-Daten zum Vergleich mit der von ihnen befragten Teilpopulation der Leiter landwirtschaftlicher Betriebe. Während im ALLBUS ein relativ hohes Maß an Zufriedenheit geäußert wird, "liegen die Aussagen der landwirtschaftlichen Betriebsleiter diametral entgegengesetzt" (M r o h s 1981, S. 86): 17,9% glauben, einen "gerechten Anteil" zu erhalten, wenn sie sich mit anderen vergleichen (ALLBUS 1980: 63,2%), 49,3% "etwas weniger" (ALLBUS 1980: 22,1%) und 28,8% "sehr viel weniger" (ALLBUS 1980: 4,6%). Aufgrund dieser Divergenzen "dürfte auf starke Ressentiments in der landwirtschaftlichen Bevölkerung gegenüber den anderen Teilen der Gesellschaft geschlossen werden" (M r o h s 1981, S. 86).

Ähnliche Ergebnisse berichtet auch P a s c h e r (1981), der die gleiche Fragestellung ebenfalls Haupterwerbslandwirten vorgelegt und ihre Antworten mit denjenigen der ALLBUS-Stichprobe verglichen hat. Er fand bei den Haupterwerbslandwirten ein noch stärkeres Gefühl der Benachteiligung in der Gesellschaft: Fast 90% von P a s c h e r s Befragten sind der Ansicht, etwa weniger bzw. sehr viel weniger zu erhalten als den gerechten Anteil (ALLBUS 1980: 26,7%).

Doch noch einmal zurück zur Oben-Unten-Skala: Es besteht ein deutlicher Zusammenhang zwischen der Einstufung auf dieser Skala und der subjektiven Schichteinstufung der Befragten:

Tabelle 13: <u>Subjektive Schichteinstufung und Einstufung auf der "Oben-Unten-Skala"</u>

Subjektive Schichteinstufung	Mittelwert (und Standardabweichung) der Oben-Unten-Skala	
Oberschicht	7.8	(2.1)
Obere Mittelschicht	6.9	(1.4)
Mittelschicht	6.0	(1.2)
Arbeiterschicht	5.0	(1.7)
Unterschicht	3.6	(2.0)

Von diesen Ergebnissen her bietet sich die Oben-Unten-Skala als funktionales Äquivalent zur traditionellen Skala der subjektiven Schichteinstufung an. Zwei Punkte dürfen dabei allerdings nicht außer acht gelassen werden.

Zum einen gibt es eine Tendenz, in Umfragen aus einer Reihe von Antwortvorgaben die mittlere, neutrale Kategorie zu wählen, insbesondere bei solchen Skalen, bei denen der Befragte seine eigene Position einstufen soll (man nennt solche Skalen self-anchoring scales). Ob dies auch hier der Fall ist, oder ob die starke Orientierung der Befragten hin zur Mitte der Skala die "Vermittelschichtung" der deutschen Gesellschaft - zumindest auf der Ebene subjektiven Bewußtseins - widerspiegelt, müßte überprüft werden (dies wäre möglich über eine Betrachtung des Antwortverhaltens pro Befragten über alle Skalen hinweg).

Außerdem läßt die bewußt vage formulierte Frage viele Möglichkeiten der Interpretation durch den Befragten offen. Nach welchen Kriterien er die Gesellschaft in Oben und Unten einteilt und dann seinen eigenen Platz dort bestimmt, wird im ALLBUS 1980 nicht gefragt, so daß die Dimensionalisierung der Skala im Dunkeln bleibt.

Wenden wir uns der Links-Rechts-Skala zu: die Links-Rechts-Skala hat einen Modus, der etwas rechts von der Mitte angesiedelt ist:

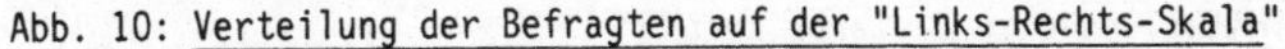

Abb. 10: <u>Verteilung der Befragten auf der "Links-Rechts-Skala"</u>

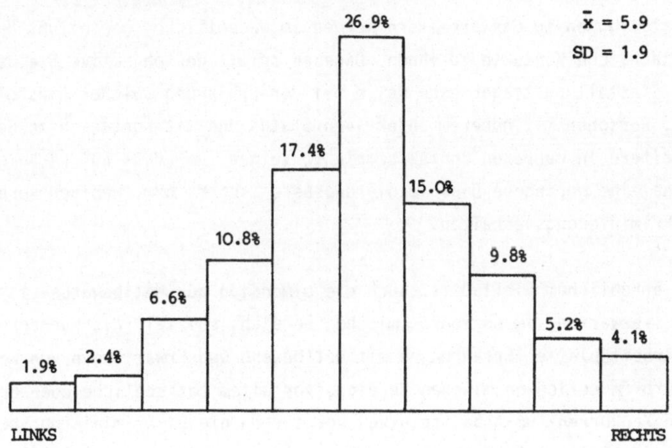

Die Selbsteinstufung auf der Links-Rechts-Skala erfolgt in deutlicher Abhängigkeit von der Wahlabsicht, der Bewertung der politischen Parteien und der Kirchgangshäufigkeit.

Wer die Absicht äußert, bei der nächsten Bundestagswahl NPD wählen zu wollen, stuft sich am weitesten rechts auf der Skala ein (Mittelwert 7.5, Standardabweichung 2.0). Es folgen die potentiellen Wähler von CDU/CSU (7.0 - 1.8), FDP (5.6 - 1.7), SPD (5.0 - 1.7), Grünen (4.9 - 2.0) und DKP (1.6 - 1.3). Je positiver die CDU und die CSU bewertet werden, umso weiter rechts stufen sich die Befragten ein (Korrelationskoeffizient P e a r s o n's r = .48), je positiver die SPD bewertet wird, umso weiter links stufen sich die Befragten ein (r = -.33).

Katholische Befragte stufen sich mit häufigerem Kirchgang zunehmend weiter rechts ein. Gleiches gilt im Prinzip für die Evangelischen und die Mitglieder evangelischer Freikirchen, mit der bemerkenswerten Ausnahme, daß diejenigen, die hier mehr als einmal pro Woche in die Kirche gehen, sich von allen Evangelischen am weitesten <u>links</u> einstufen.

5.1.1.3 Einstellungen zu Gastarbeitern

Einstellungen zu Gastarbeitern werden im wesentlichen beeinflußt durch
tatsächliche Kontakte zu ihnen. Daneben spielt der objektive Status
der Einstellungsträger eine Rolle bei der Erklärung solcher Einstellungen: Personen mit höherem objektiven Status und mit Kontakten zu Gastarbeitern in mehreren Kontaktbereichen zeigen zumindest auf verbaler
Ebene eine geringere Diskriminierungsbereitschaft bzw. weniger verbales
Diskriminierungsverhalten.

Von erheblichem Einfluß ist auch die Dimension der Wettbewerbserfahrung
bzw. -erwartung im sozioökonomischen Bereich, speziell als Konkurrenz
um Arbeitsplätze: Erfahrungen mit Wettbewerb und Erwartungen von Wettbewerb im sozioökonomischen Bereich, vor allem tatsächliche oder erwar-
tete Konkurrenz um Arbeitsplätze, verstärken die Diskriminierungsbereitschaft gegen Gastarbeiter (K r a u t h und P o r s t 1984).

Anhand der gleichen Daten stellten F i s c h e r u.a. (1981) fest,
daß die Ablehnung von Gastarbeitern positiv korreliert mit dem Lebensalter und negativ mit der Schulbildung: Jüngere Personen mit höherer
Schulbildung lehnen Gastarbeiter am wenigsten ab. Kontrovers zu den
Ergebnissen von K r a u t h und P o r s t behaupten F i s c h e r
u.a., daß Kontakte überhaupt nur dann Einstellungen zu Gastarbeitern
tangieren, wenn sie "private Betroffenheit" indizieren; ansonsten
blieben Kontakte ohne großen Einfluß. Auch ihr Ergebnis, Erfahrung von
Arbeitslosigkeit und Furcht vor Arbeitslosigkeit hätten praktisch keinen Einfluß auf Einstellungen zu Gastarbeitern, steht in direktem
Widerspruch zu den Ergebnissen von K r a u t h und P o r s t (1984).

Wir möchten zu diesen Ergebnissen zwei Bemerkungen hinzufügen, eine
eher allgemeine bezüglich des Antwortverhaltens bei Fragen nach Einstellungen zu sozialen Minderheiten, eine spezifische bezüglich der
teilweise widersprüchlichen Ergebnisse von K r a u t h / P o r s t
(1984) und F i s c h e r u.a. (1981).

Zuerst die allgemeine Bemerkung: Wie in Kapitel 4.7.1 bereits darge-

stellt, bewegen sich die Gastarbeiter-Items des ALLBUS 1980 im Bereich
der Messung von Vorurteilen bzw. Diskriminierung. Typischerweise stellen sowohl F i s c h e r u.a. (1981) als auch K r a u t h und
P o r s t (1984) fest, daß höher gebildete Personen bzw. Personen mit
höherem sozialen Status weniger vorurteilshaft bzw. weniger diskriminie-
rend auf die Einstellungs-Items reagieren. Vor allem zwischen dem Grad
der formalen Bildung und Vorurteilen gegenüber Minderheiten wird, häufig
ganz allgemein, folgende lineare Beziehung behauptet: "Je höher das
Bildungsniveau, umso geringer das Ausmaß der Vorurteile und der Diskriminierung" (B e r e l s o n und S t e i n e r 1972, Seite 326).
Fraglich ist aber, ob diese Beziehung tatsächlich in der hier implizier-
ten direkten Weise existiert, oder ob Personen mit höherer Bildung nicht
vielleicht nur deshalb toleranter antworten, weil sie die Fragen als
solche nach Vorurteilen "durchschauen" und sozial wünschbar, also möglichst vorurteilsfrei beantworten. Daß Personen mit höherer formaler
Bildung weniger intolerant gegen Minderheiten sind, hat bereits
A l l p o r t (1954) festgestellt, allerdings mit der bemerkenswerten
Einschränkung, "at least they answer questions in a more tolerant way"
(A l l p o r t 1954, Seite 79/80).

Nun die spezifische Bemerkung: die teilweise doch widersprüchlichen Aussagen von K r a u t h / P o r s t (1984) und F i s c h e r u.a. (1981)
auf der Basis von Analysen der gleichen Umfragedaten sollten eine gewisse Sensibilität wecken für die Relativität sozialwissenschaftlicher
Aussagen. Wenn man davon ausgeht, daß beide Autorengruppen keine formalen Analysefehler begangen haben, muß die Widersprüchlichkeit der
Ergebnisse inhaltliche oder methodische Ursachen haben, etwa aus unterschiedlicher Indexbildung oder aus unterschiedlichen Interpretationen
bestimmter Begriffe resultieren.

Ein wesentlicher Unterschied zwischen K r a u t h und P o r s t
(1984) und F i s c h e r u.a. (1981) besteht z.B. darin, daß letztere
die Kontakte zu Gastarbeitern nach dem Grad ihrer Selektivität in solche mit geringerer und solche mit höherer Selektivität differenziert
haben, während K r a u t h und P o r s t (1984) ein solches Verfahren für nicht zulässig halten und nur die Tatsache von Kontakten

an sich berücksichtigen. Es zeigt sich hier, daß die unterschiedliche
Verwendung gleicher Begriffe zu unterschiedlichen Ergebnissen führen
kann.

Man kann diesen Widerspruch natürlich auch positiv sehen: Hier liegt
ein Fall vor, wo ALLBUS-Daten zu prinzipiell widersprüchlichen Aussagen geführt haben, also durchaus in der Lage sind, wissenschaftliche
Auseinandersetzungen zu begünstigen.

5.1.1.4 Einstellungen zu Behörden

Einstellungen zu Behörden im weitesten Sinne sind Gegenstand der Arbeiten von F e i c k und M a y n t z (1982) und M a y n t z und
F e i c k (1982).

F e i c k und M a y n t z fragen dabei auch nach sozialstrukturellen
und normativen Hintergründen solcher Einstellungen. Sie finden überwiegend eine summarische Zufriedenheit mit den Behörden, aber gleichzeitig auch eine eher kritische Haltung bei Detailfragen zu deren Arbeits-
weise. Spezifische Aspekte thematisierende Fragen, in denen Behörden
zu beurteilen sind, werden deutlich negativer beantwortet als Fragen,
die sich auf das Verhalten von Beamten beziehen. Die vorwiegend positive Beurteilung des Beamtenverhaltens bestimmt dann offensichtlich
in hohem Maße das positive summarische Bild von der öffentlichen Verwaltung. Hinsichtlich der eigenen Handlungschancen zeigt sich "das
Bild eines gegenüber der öffentlichen Verwaltung eher ängstlichen
oder resignativen Bürgers" (F e i c k und M a y n t z 1982, Seite
412).

Eine Analyse nach "Konflikt-Typen" führte zu dem Ergebnis, daß "ein
nicht unbedeutender Teil derer, die am ehesten bereit sind, Bedingungen demokratischer Gesellschaften als ihre Ziele anzusehen und in der
Lage wären, Impulse für die Lösung heute anstehender Probleme zu geben
oder an ihnen mitzuwirken, ... diesem Staat und seiner Verwaltung
unzufrieden oder gar entfremdet" gegenübersteht (F e i c k und
M a y n t z 1982, Seite 429).

Tatsächliche Kontakte mit Behörden sind, außer bei der höchsten Bildungs- und Einkommensgruppe, von zentraler Wichtigkeit für die eigene Handlungsbereitschaft. Die Tendenz zu einer wachsenden Konfliktbereitschaft gegenüber der öffentlichen Verwaltung zeigte sich beim Vergleich mit älteren Daten im Verlaufe der siebziger Jahre.

Die Arbeit von M a y n t z und F e i c k (1982) beleuchtet einen anderen Punkt der Bürokratiekritik, nämlich das Problem von Gesetzesflut und Überregelung. Die Frage ist dabei, ob das Problem der Überregelung nur von bestimmten Minderheiten der Gesellschaft thematisiert wird, während sich der Normalbürger eher auf seine alltäglichen Erfahrungen mit Behörden und Behördenpersonal konzentriert, ohne das Niveau staatlicher Aktivitäten prinzipiell zu kritisieren.

Was in der "Teilgruppe überwiegend jüngerer Menschen", so ihr zentrales Ergebnis, "die sich nicht nur durch eine linke Selbstidentifikation und 'grüne' Überzeugungen, sondern gleichzeitig durch eine postmaterialistische Werthaltung, formal hohe Bildung und starkes politisches Interesse auszeichnen, ... in radikaler Form zum Ausdruck kommt, ... gilt in abgeschwächter Form für die Einstellungen zum Interventionsstaat ganz allgemein, nämlich, daß die prinzipielle und verbreitete Bejahung des Sozialstaats durchaus mit einer Kritik an der staatlichen Regelungsdichte zusammengehen kann".

5.1.1.5 Determinanten materialistischer und postmaterialistischer Einstellungen

Methodisch und inhaltlich nicht unumstritten ist das von I n g l e h a r t (1971, 1977) vorgestellte Konzept der "postmaterialistischen Gesellschaft", speziell auch der von ihm entwickelte Materialismus-Postmaterialismus-Index. Dennoch wird das diesem Index zugrundeliegende Instrument in Umfragen sozialwissenschaftlicher Thematik überaus häufig eingesetzt.

Im ALLBUS 1980 wurde eine Kurzfassung dieses Instrumentes angewandt: Den Befragten wurden vier politische Ziele vorgegeben, die sie nach ihrer Wichtigkeit in eine Rangfolge bringen mußten:

A) Aufrechterhaltung von Ruhe und Ordnung in diesem Lande.
B) Mehr Einfluß der Bürger auf die Entscheidungen der Regierung.
C) Kampf gegen die steigenden Preise.
D) Schutz des Rechts auf freie Meinungsäußerung.

Dabei sind A und C die "materialistischen", B und D die "postmateria-listischen" Ziele. Anders ausgedrückt: Als "Postmaterialisten" werden diejenigen Befragten bezeichnet, die als die beiden wichtigsten politischen Ziele B und D oder D und B angegeben haben, als "Materialisten" diejenigen, die A und C oder C und A als die beiden wichtigsten Ziele genannt haben. Die anderen Befragten werden als Mischtypen bezeichnet.

Tabelle 14: <u>Materialisten, Mischtypen und Postmaterialisten</u>

Auswahlkombinationen	Typen	N	%
BD oder DB	Postmaterialisten	390	13.4
BC oder CB od. DC oder CD	Zu Postmaterialisten ten-dierender Mischtyp	491	16.9
AB oder BA od. AD oder DA	Zu Materialisten ten-dierender Mischtyp	921	31.7
AC oder CA	Materialisten	1101	37.9
		2903	99.9%

Unter Anwendung eines multivariaten Analyseverfahrens für nicht-metri-sche Daten (dem sog. GSK-Ansatz, nach <u>G</u> r i z z l e , <u>S</u> t a r m e r und <u>K</u> o c h 1969) zielt K ü c h l e r (1984) ab auf die Charakte-risierung von Postmaterialismus-Typen nach sozio-demographischen Merk-malen.

Dabei kommt K ü c h l e r zu dem Ergebnis, daß sich die Postmateria-listen relativ eindeutig bei den formal hoch Gebildeten der jüngeren

Altersjahrgänge lokalisieren lassen. Umgekehrt ist die Wahrscheinlichkeit, daß ältere, formal weniger Gebildete als Materialisten zu bezeichnen sind, am höchsten. Auch im Vergleich der ALLBUS-Daten mit Daten
aus anderen Repräsentativbefragungen (Wohlfahrtssurveys 1978, 1980)
findet K ü c h l e r (1984) seine Ergebnisse bestätigt.

5.1.2 Verhalten

Da im ALLBUS 1980 nur wenige Verhaltensfragen enthalten waren, gab es
nur bedingt Möglichkeiten, Analysen auf ausschließlich der Verhaltens-
ebene durchzuführen. So ist uns auch nur eine einzige Studie bekannt,
in der mit der Frage nach der Wahlentscheidung eine Verhaltensvariable
als abhängige Variable zum Gegenstand einer Untersuchung gemacht wurde. R a t t i n g e r und P u s c h n e r (1981) suchten nach
einem Zusammenhang zwischen der Wirtschaftslage und dem Wahlverhalten
über einen Zeitraum von 1953 bis 1980. Die ALLBUS-Daten bildeten dabei ein Datum innerhalb einer Zeitreihe über den Zusammenhang zwischen
Einkommen und Wahlentscheidung. Dabei gilt für fast alle Daten der
Zeitreihe, auch für den ALLBUS 1980, daß nur auf den ersten Blick ein
direkter Zusammenhang besteht zwischen der Höhe des Einkommens und
dem Wahlverhalten im Sinne der "Klientelenhypothese". Bei einer Kontrolle der Parteiidentifikation "bleibt von einem systematischen eigen-
ständigen und direkten Einfluß des Einkommens auf individuelles Wahlverhalten weder der Signifikanz noch der Richtung nach die leiseste
Spur zurück" (R a t t i n g e r und P u s c h n e r 1981, Seite
276): Die Vernachlässigung der Parteibindung führe zur "Interpretation statistischer Artefakte".

5.1.3 Sozialstruktur

Die Frage nach Sozialstrukturanalysen mit Daten des ALLBUS 1980 ist nur
eine weitere Facette der umfassenderen Auseinandersetzung über das Verhältnis von Umfragedaten und Daten der amtlichen Statistik als Datenquellen für Sozialstrukturanalysen (vgl. dazu etwa M a y e r 1980).
In unsrem Zusammenhang stellt sich die Frage, wie geeignet und sinnvoll
Umfragedaten für Sozialstrukturanalysen generell sind. Als Standard-

literatur zu diesem Thema empfehlen wir P a p p i (1979).

Sozialstrukturanalysen sind im wesentlichen eine Domäne der Daten aus der amtlichen Statistik. P a p p i (1979, Seite 10) spricht von einem grundsätzlichen Mißverhältnis zwischen Umfrageforschung und amtlicher Statistik als Datenquellen für Sozialstrukturanalysen und stellt fest, "daß der Beitrag der Umfrageforschung zur Sozialstrukturanalyse nach wie vor bescheiden geblieben ist". Dies, obwohl es durchaus gute Gründe gebe, Ergebnisse repräsentativer Bevölkerungsumfragen zur Erstellung von Sozialstrukturanalysen heranzuziehen.

Als Argumente für die Anwendung von Umfragedaten zur Sozialstrukturanalyse nennt P a p p i (1979, Seite 12) vor allem:

1. Auffüllung der Lücken, welche die amtliche Statistik auf dem Gebiet der Sozialstrukturdaten läßt.
2. Leichtere Handhabbarkeit der Daten, damit zusammenhängend:
3. Bessere Möglichkeiten soziologisch relevanter Tiefengliederung des Datenmaterials.

Diesen Argumenten möchten wir - bezogen zumindest auf ALLBUS-Daten - ein weiteres hinzufügen, nämlich:

4. Erheblich leichtere und erheblich billigere Zugänglichkeit zu den Daten.

Wo die von P a p p i angeführten Argumente zum Tragen kommen, sprechen wir uns für die Verwendung von Umfragedaten zur Sozialstrukturanalyse aus. Wo die amtliche Statistik hingegen angemessene, zugängliche Daten anbietet, sollte man auf dieses Angebot nicht verzichten. Dies gilt vor allem auch für zentrale deskriptive Eckdaten zur Beschreibung der Sozialstruktur der Bundesrepublik. Die Daten der amtlichen Statistik sind hier sicher valider als diejenigen aus Umfragen (vor allem wegen der Probleme der Repräsentativität von Umfragen, der Probleme der Stichprobenausfälle und der selektiven Auswahl aufgrund der Freiwilligkeit der Teilnahme am Interview).

Unter diesen Gesichtspunkten sind sicher auch die Ergebnisse von
K a a c k (1981) zu interpretieren. K a a c k stellt die repräsentative ALLBUS-Stichprobe den Abgeordneten des 9. Deutschen Bundestages
gegenüber und stellt fest, daß im Vergleich mit der Gesamtheit der Wähler bei den Mitgliedern des 9.Deutschen Bundestages Hausfrauen und
nichterwerbstätige Frauen um 25%, Rentner um 20% und Arbeiter um 15%
unterrepräsentiert, Angestellte dagegen um 13%, Selbständige um 17%
und Beamte um 32% überrepräsentiert sind.

*Ob und inwieweit sich dieses Ergebnis bestätigen ließe, wenn man statt
der ALLBUS-Daten Daten der amtlichen Statistik als Vergleichsgrundlage
herangezogen hätte, soll hier nicht überprüft, sondern nur gefragt werden. Jeder Leser kann sich diese Frage selbst beantworten: Aus den Statistischen Jahrbüchern oder aus anderen amtlichen Publikationen sind
die entsprechenden Daten über die Berufsgruppenzugehörigkeit zu ent-
nehmen und mit den Daten des ALLBUS 1980 zu vergleichen. Das Ergebnis
dieses Vergleichs gibt zugleich Auskunft über die berufsgruppenbezogene
Repräsentativität des ALLBUS 1980.*

Die Einkommensdiskriminierung von Frauen ist Gegenstand des Interesses
der Arbeiten von D i e k m a n n (1984). Sie läßt sich zurückführen
auf zwei Mechanismen der Diskriminierung: Zum einen ist die Verteilung
der Frauen auf die einkommensbestimmenden Positionen ungünstiger als die
der Männer (Zugangschancendiskriminierung), und zum zweiten erzielen
Frauen auch dann, wenn sie die gleichen Voraussetzungen mitbringen wie
Männer, im Mittel geringere Einkünfte (interne Diskriminierung). Erhielten weibliche Angestellte und Beamte, so D i e k m a n n s zentrales Ergebnis, bei gleicher Ausbildung, gleicher Berufserfahrung,
gleichem Berufsprestige, gleichem familiären Hintergrund, bei Ganztags-
arbeit und gleicher Leistungskategorie ein genauso hohes Einkommen wie
Männer mit genau diesen Merkmalen, dann hätten sie im Jahre 1980 durch-
schnittlich um DM 505,- höhere monatliche Netto-Einkünfte erhalten.
Dies sind 33% mehr als ihr tatsächliches durchschnittliches Einkommen
von DM 1.518,-. Bestünde keine Zugangschancendiskriminierung, wäre das
hypothetische Pro-Kopf-Einkommen der Frauen um DM 186,- oder 12% höher
als ihr tatsächliches Einkommen. Der größte Anteil an der globalen Ein-

kommensdifferenz geht also auf das Konto interner Einkommensdiskriminierung.

5.1.4 Netzwerke

In der einzigen uns bekannten Analyse sozialer Netzwerke untersucht
Z i e g l e r (1983) die Struktur von Freundes- und Bekanntenkreisen mit
Hilfe log-linearer Modelle. Eine Überprüfung hinsichtlich der Alters-
homogenität der Freundes- und Bekanntenkreise führt Z i e g l e r zu
dem Schluß, daß unabhängig vom eigenen Alter des Befragten generell
Bekannte aus den jüngeren Altersgruppen häufiger gewählt werden (etwa
1 1/2mal so oft) als deren Anteil an der untersuchten Population entspricht. Ein Vergleich der Altersgruppen (18 - 29 Jahre, 30 - 44 Jahre,
45 - 59 Jahre, 60 - 74 Jahre, 75 Jahre und mehr) läßt nach Z i e g l e r
aber auch für jede Altersgruppe die Tendenz erkennen, ungefähr Gleich-
altrige bevorzugt zum Bekanntenkreis zu zählen.

Z i e g l e r zeigt anhand einer Differenzierung nach verwandten und
nicht-verwandten Personen des weiteren, daß die genannten Effekte bei
nicht-verwandten Personen verstärkt auftreten, wohingegen bei verwandten
Personen "die zweitjüngste Gruppe der 30 - 44jährigen am 'populärsten'
..." und "... die Neigung, seine Bekannten aus der Gruppe der Gleich-
altrigen zu wählen, ... stark gedämpft" ist.

5.2 Methodische Ergebnisse

Die methodischen Ergebnisse, über die wir im folgenden berichten können,
konzentrieren sich auf Fragestellungen in den Bereichen Anwendung von
"Split half"-Verfahren, Messung "sozialer Wünschbarkeit" und Einflüsse
der Interviewer auf das Antwortverhalten der Befragten (Interviewer-
Effekte).

5.2.1 Anwendung von "Split half"-Verfahren

Als "split half" bzeichnet man ein methodisches Experiment, mit dessen
Hilfe man den Einfluß von Frageformulierungsvariationen auf das Antwort-

verhalten der Befragten prüfen will. Auch wenn bestimmte Variablen auf unterschiedliche Art gemessen werden sollen, bietet sich die Anwendung eines split half an.

Dabei werden (in der Regel zwei) ansonsten völlig identische Fragebogen-Versionen erstellt, die sich nur hinsichtlich der zu testenden Frage(n) unterscheiden. Die Hälfte der Befragten erhält den Fragebogen der Version A, die andere Hälfte denjenigen der Version B. Anhand der Ergebnisse läßt sich dann überprüfen, ob signifikante Unterschiede in der Beantwortung der unterschiedlich präsentierten Fragen aufgetreten sind. Der Verwendung von split halves sollten, dies zu erwähnen erübrigt sich fast, genaue Überlegungen darüber zugrundeliegen, welche Konsequenzen welche Form von Fragenmodifikation bewirken sollen.

Bei der Frage nach der Wahrnehmungen von Differenzen zwischen gesellschaftlichen Gruppen (z.B. zwischen Jungen und Alten, Frauen und Männern, etc.) war im Pretest zum ALLBUS 1980 aufgefallen, daß "Interessenkonflikte" von den Befragten recht unterschiedlich interpretiert worden waren (bis hin zu manifesten physischen Auseinandersetzungen). Um dieser weiten Spanne von Vorstellungen über den Begriff "Interessenkonflikte" Rechnung zu tragen, wurde in der Haupterhebung folgender split half angewandt (die Unterstreichungen sind vom Verfasser zur Verdeutlichung nachträglich vorgenommen worden):

Version A: "Es wird oft gesagt, daß es Interessen<u>konflikte</u> zwischen verschiedenen Gruppen in der Bundesrepublik gibt, zum Beispiel zwischen politischen Gruppen, zwischen Männern und Frauen usw. Die <u>Konflikte</u> sind aber nicht alle gleich stark. Ich will Ihnen nun einige solcher Gruppen nennen. Sagen Sie mir bitte, ob diese Konflikte Ihrer Meinung nach sehr stark, ziemlich stark, eher schwach sind, oder ob es da gar keine <u>Konflikte</u> gibt." (Liste der zu beurteilenden Konfliktgruppen).

Version B: "Es wird ..., daß es Interessen<u>gegensätze</u> zwischen ... Die <u>Gegensätze</u> sind aber ... oder ob es da gar keine <u>Gegensätze</u> gibt."

Diesem split half lag die Überlegung zugrunde, daß "Interessenkonflikte"
eher als scharfe Auseinandersetzung zwischen Gruppen interpretiert würden und "Interessengegensätze" eher als schwache Differenzen. Wäre
dies zutreffend, so die Überlegung, hätten die Befragten der Version
A die Antwortkategorien "sehr stark" oder "ziemlich stark" seltener zu
besetzen und erheblich häufiger die Antwortkategorie "gibt gar keine"
als die Befragten von Version B, da schwache Differenzen sicherlich
häufiger wahrgenommen und unterstellt würden als scharfe Auseinandersetzungen.

Bereits der Vergleich der Randverteilungen sollte Auskunft darüber geben, ob sich diese Überlegungen bestätigen würden:

*Tabelle 15: <u>Wahrnehmung von Interessenkonflikten und Interessengegen-
sätzen</u>*

Konfliktpaare: A) Politisch links und politisch rechts stehende Leute
B) Arbeitgeber und Arbeitnehmer
C) Leute mit Volksschulbildung und Akademiker
D) Junge und Alte
E) Arm und Reich
F) Politiker und einfache Bürger
G) Kapitalisten und Arbeiterklasse
H) Gastarbeiter und Deutsche

	Interessenkonflikte sehr stark/ziemlich stark in % (1)	*Interessengegensätze sehr stark/ziemlich stark in % (2)*	*Differenz in % (2) - (1)*
A	*79.3*	*76.3*	*- 3.0*
B	*67.0*	*71.6*	*4.6*
C	*51.5*	*68.6*	*17.1*
D	*50.6*	*57.5*	*6.9*
E	*66.8*	*79.4*	*12.6*
F	*47.7*	*60.0*	*12.3*
G	*70.7*	*79.7*	*9.0*
H	*61.0*	*67.1*	*6.1*

Aus der Tabelle ist unmittelbar abzulesen, daß die Wahrnehmung von In-
tessengegensätzen deutlich stärker ist als die Wahrnehmung von Interessenkonflikten (mit Ausnahme des ersten Konfliktpaares). Damit hat sich
die Vermutung, die zur Anwendung des split halfs geführt hat, als richtig erwiesen. Zumindest, vorsichtiger formuliert, sprechen die Ergebnisse dafür, daß die Art der Frageformulierung einen deutlichen Einfluß
auf das Antwortverhalten der Befragten gezeitigt hat (zum gleichen
Problem s. auch M a y e r 1984).

5.2.2 "Response-Set"-Tendenzen: Soziale Wünschbarkeit

In vielen Arbeiten der empirischen Sozialforschung wird immer wieder
darauf hingewiesen, daß das Antwortverhalten der Befragten in starkem
Maße von sog. "Störvariablen" wie "Ja-Sage-Tendenz" und "Soziale
Wünschbarkeit" beeinflußt würde. Dennoch existieren kaum Arbeiten, in
denen aufgezeigt wird, wie das Problem solcher "Response-Sets" in Umfragen methodisch gelöst werden kann.

Als "Ja-Sage-Tendenz" bezeichnet man eine Tendenz von Personen, aus vorgegebenen Antwortkategorien eher die positiven, zustimmenden auszuwählen als die negativen, ablehnenden. Als "Soziale Wünschbarkeit" bezeichnet man die generelle Tendenz von Personen, sich nicht entsprechend
ihrer wirklichen Gefühle und Meinungen zu verhalten oder zu äußern,
sondern entsprechend von Normen, von denen die Personen erwarten, daß
sie allgemein akzeptiert und gültig seien.

Im ALLBUS 1980 wurde versucht den Einfluß von Response-Set-Faktoren
auf Einstellungsfragen über die Messung sozialer Wünschbarkeit zu überprüfen (siehe die Operationalisierung auf Seite 158).

Die (vom Verfasser nachträglich eingefügten) Kreise markieren dann die
sozial wünschbaren Reaktionen. Die Items A und C beschreiben Verhaltensweisen, deren Ausführung allgemein als sozial erwünscht gilt. Die
Items B und D charakterisieren Verhaltensweisen, die als sozial uner-
wünscht gelten, also von den meisten Personen negativ bewertet werden.

<table>
<tr><td>35</td><td colspan="3">INT.: weiße Liste 13 vorlegen
Auf dieser Liste stehen noch einige Aussagen, mit denen Leute sich selbst beschreiben, also Aussagen über Eigenschaften und Verhaltensweisen. Sagen Sie mir bitte zu jedem Satz, ob er auch in bezug auf <u>Sie selbst</u> zutrifft oder <u>nicht zutrifft</u>.</td><td></td></tr>
<tr><td></td><td></td><td>trifft zu</td><td>trifft nicht zu</td><td></td></tr>
<tr><td>A</td><td>Ich sage immer, was ich denke</td><td>①</td><td>2</td><td>66</td></tr>
<tr><td>B</td><td>Ich bin manchmal ärgerlich, wenn ich meinen Willen nicht bekomme</td><td>1</td><td>②</td><td>67</td></tr>
<tr><td>C</td><td>Ich bin immer gewillt, einen Fehler, den ich mache, auch zuzugeben</td><td>①</td><td>2</td><td>68</td></tr>
<tr><td>D</td><td>Ich habe gelegentlich mit Absicht etwas gesagt, was die Gefühle des anderen verletzen könnte</td><td>1</td><td>②</td><td>69</td></tr>
<tr><td></td><td></td><td></td><td></td><td>9</td></tr>
</table>

Der Einfluß sozialer Wünschbarkeit auf ausgewählte Einstellungsvaria-
blen des ALLBUS 1980 wurde vermittels einer simultanen Faktorenanalyse
aller wichtigeren Einstellungsskalen überprüft (S c h m i d t 1980).
Der Effekt des Faktors Soziale Wünschbarkeit erwies sich dabei als
minimal, wobei allerdings nicht auszuschließen ist, daß dies eine Folge der offensichtlich noch unzureichenden Operationalisierung dieser
Wünschbarkeitsvariablen ist: "Langfristig müßte die Wünschbarkeitsska-
la aufgrund inhaltlicher Überlegungen neu bzw. umformuliert werden"
(S c h m i d t 1980, Seite 18).

5.2.3 Interviewer-Einflüsse

Der Frage nach Interviewer-Einflüssen liegt die Annahme zugrunde, daß
das Antwortverhalten der Befragten nicht ausschließlich vom eigentli-
chen Fragestimulus bestimmt wird, sondern zusätzlich durch eine Reihe
anderer Faktoren, wie z.B. "Response-Set-Tendenzen" und "Soziale
Wünschbarkeit", die uns jetzt bereits bekannt sind, durch die individuelle Motivation des Befragten und vor allem durch die konkrete Interview-Situation und den konkreten Interviewer.

Als Interview- und Interviewer-Einflüsse bezeichnet man die den Interviewern und den Merkmalen der Interviewsituation zuzuschreibende Varianz der Ergebnisse, genauer: diejenige Varianz in den Ergebnissen, die durch Merkmale des Interviewers und des Interviews und deren Interaktion mit Befragtenmerkmalen erklärt werden kann.

Um den Einfluß der Interview-Situation und des Interviewers auf das Antwortverhalten der Befragten zu überprüfen, bedarf es natürlich systematischer Angaben über das Interview und die Interviewer. Beim ALLBUS 1980 wurden deshalb mehrere Fragen zum Interview selbst erhoben, die sich mit der Anwesenheit dritter Personen und ihrem Eingreifen in das Interview-Gespräch, mit der Antwortbereitschaft und der Zuverlässigkeit des Befragten und mit der Dauer des Interviews beschäftigten. Diese Fragen waren vom Interviewer nach Beendigung des Interviews ohne den Befragten zu beantworten. Daten zum Interviewer wurden vermittels des umfassenden Interviewer-Eigeninterviews ermittelt (vgl. Kap. 3.1.3.2).

Unter Anwendung multipler Regressionen suchte S c h a n z (1981) Antworten auf zwei Fragen:

a) Welches Gewicht haben Interviewer-Merkmale bei der Erklärung des Befragtenverhaltens, wenn relevante Befragtenmerkmale konstant gehalten werden?

b) Welches sind die erklärungskräftigsten Interviewer-Merkmale - sozialstrukturelle Merkmale, spezifische Einstellungen und Verhaltensweisen der Interviewer oder allgemeine Interviewer- bzw. Interview-Merkmale?

Als Ergebnis zeigte sich, daß die ausgewählten Interviewer- bzw. Interviewmerkmale nur wenig zur Erklärung des Befragtenverhaltens beitragen (ein Ergebnis, das also gegen die These von der Beeinflussung des Befragten durch die Interviewer spricht!). Ein deutlicherer Einfluß ließ sich nur für die (latente!) Variable Erziehungsziele des Interviewers nachweisen: Je stärker der Interviewer selbst liberale Erziehungsziele vertritt, umso stärker vertritt auch der Befragte liberale Erziehungsziele (vgl. dazu auch S c h a n z und S c h m i d t 1984).

Diesem Ergebnis, das gegen die Existenz von Interviewer- bzw. Interview-einflüssen auf das Antwortverhalten der Befragten spricht, sind zwei Anmerkungen hinzuzufügen:

1. Daß sich keine Interviewer- bzw. Interview-Einflüsse nachweisen ließen, könnte möglicherweise eine Folge der Variablenauswahl für die Analyse sein. Es ist also nicht von vornherein auszuschließen, daß andere als die analysierten Variablen zu Interviewereinflüssen geführt hätten. Dies ist keine Kritik an S c h a n z (1981) oder S c h a n z und S c h m i d t (1984), die plausible Zusammenhänge überprüft haben, aber natürlich nicht alle denkbaren.

2. Man kann in der Regel in Umfragen nicht feststellen, ob das Verhalten von Befragten nicht durch andere als die unmittelbar festgehaltenen Variablen beeinflußt wird. Hier ist vor allem die nicht-verbale Kommunikation zwischen Interviewer und Befragtem zu nennen. Auch ist nicht auszuschließen, daß äußerliche Merkmale des Interviewers (Kleidung, Haarschnitt, gesamtes Auftreten) einen Einfluß auf das Antwortverhalten des Befragten haben. Solche äußerlichen Merkmale werden in der Regel aber nicht kontrolliert; von daher sind dadurch möglicherweise bedingte Einflüsse nicht nachweisbar.

Anmerkung zu Kapitel 5:

Der Überblick über ausgewählte Ergebnisse des ALLBUS 1980 sollte zum einen die Möglichkeiten andeuten, die die Sekundäranalyse von Mehrthemenbefragungen bietet; zum andern sollte damit, durch die ausformulierte oder angerissene Kritik an diesen Ergebnissen, die Sensibilität gegenüber sozialwissenschaftlichen Aussagen auf der Basis von Umfragedaten geweckt oder verstärkt werden. Kritik ist alles andere als eine Pflichtübung soziologischer Seminare; sie ist eine der Voraussetzungen wissenschaftlichen Arbeitens überhaupt, Kritisierbarkeit ihrer Ergebnisse ist normativ wissenschaftlicher Tätigkeit immanent.

Neben der Anregung zur Kritik hatte dieses Kapitel aber einen weiteren
"Hintergedanken". Es sollte dazu ermutigen, eigene Analysen mit Daten
von ALLBUS-Umfragen durchzuführen. Die Vielfalt von Analysemöglichkei-
ten auf der einen Seite, die leichte, praktisch uneingeschränkte Zugänglichkeit der Daten auf der anderen Seite, sollten zu Überlegungen
führen, mit eigenen empirischen Analysen in die sozialwissenschaftliche
Diskussion einzugreifen und dies auf der Basis von Daten zu tun, die
im Rahmen der Allgemeinen Bevölkerungsumfrage der Sozialwissenschaften
erhoben worden sind.

6. <u>Schlußbemerkung</u>

Dieses Buch, seiner Idee und Konzeption nach eine "Handlungsanweisung"
für die Durchführung empirischer Forschungsvorhaben im Rahmen der Umfrageforschung und für den angemessenen Umgang mit Umfragedaten, sollte kein Lehrbuch der Umfrageforschung werden und ist es auch nicht geworden. Dazu ist es an vielen Stellen - bewußt - zu oberflächlich gehalten, viele Fragen und Probleme werden - ebenso bewußt - nicht so
tiefgreifend abgehandelt, wie es Lehrbücher in der Regel zu tun pflegen (oder pflegen sollten).

Dieses Buch gibt vielmehr einen Überblick über Verfahren, Möglichkeiten
und Probleme der Gewinnung und Verarbeitung von Umfragedaten, einen
systematischen Abriß der Vorbereitung und Durchführung eines Umfrageprogramms in der Praxis und die Auswertung seiner Daten und Ergebnisse.
Es soll Sozialforschern, die mit der Anlage, Realisierung und Verarbeitung einer Umfrage nicht oder nur wenig vertraut sind, Hilfestellungen leisten bei der Abarbeitung ihrer spezifischen Forschungsfragen,
kann ihnen aber wohl in keinem Punkt völlig erschöpfende Auskünfte und
Antworten geben. Vielleicht vergleichbar mit einem Lexikon soll es
erste weiterreichende und systematische Informationen vermitteln, ohne
daß der interessierte Leser dann auf die Lektüre spezifischer, tiefer-
gehender Literatur zu dem jeweiligen Schlagwort des Lexikons verzichten
könnte. Gerade für weniger erfahrene Sozialforscher, auch Studenten,
könnte dies der geeignete Einstieg in die Umfrageforschung sein, die
Grundlage, von der aus sie spezifische Fragestellungen in diesem Be-

reich gezielt weiterverfolgen können.

Daß eine solche Orientierungshilfe überhaupt benötigt und nachgefragt würde, ist zunächst nur eine Vermutung gewesen, allerdings gerade derzeit plausibel und begründbar. In einer Situation - so der Ausgangspunkt unserer gesamten Überlegungen - in der die Vergabe von Forschungsmitteln immer restriktiver gehandhabt wird, werden insbesondere jüngere Sozialforscher, Studenten ohnehin, immer seltener in die glückliche Lage kommen, eigene Daten generieren zu können, insbesondere, wenn sie zur Realisierung ihrer Forschungsinteressen Daten mit dem Anspruch auf bundesweite Gültigkeit oder Verallgemeinerbarkeit benötigen.

Als "Ausgleich" für diese Situation und Entwicklung deuten sich Bemühungen der Profession an, den Bedarf nach sozialwissenschaftlich relevanten Daten durch "Dienstleistungsprojekte" decken zu lassen, die - unter dem Gesichtspunkt der Verbesserung der Infrastruktur der empirischen Sozialforschung - solche Daten quasi im Auftrag der Profession für die Profession als Ganzes erheben und ihr, damit auch Studenten und jüngeren Sozialforschern, zur Verfügung stellen. Wie in einer Reihe anderer Länder auch wird in der Bundesrepublik seit 1980 mit dem ALLBUS ein Forschungsprojekt durchgeführt, das bundesweite Bevölkerungsumfragen mit sozialwissenschaftlich relevanten Themenstellungen organisiert und die Daten der Befragungen der wissenschaftlichen Öffentlichkeit zur Verfügung stellt (es ist durchaus zu erwarten, daß auch andere sozialwissenschaftliche Disziplinen - etwa die Politikwissenschaft - in absehbarer Zeit für den Bereich ihrer thematischen Ausrichtung vergleichbare Projekte organisieren und durchführen werden).

Dies hat zwei Konsequenzen: zum einen werden die Daten dieser Umfragen, damit Umfragedaten insgesamt, wegen ihrer leichten, öffentlichen Zugänglichkeit in zunehmendem Maße zur Bearbeitung sozialwissenschaftlicher Fragestellungen herangezogen werden, zum anderen, damit zusammenhängend, wird die Anwendung sekundäranalytischer Verfahren stärker als bisher die empirische Sozialforschung durchdringen.

Diese Entwicklungen, die sich seit einiger Zeit deutlich erkennen las-

sen, erfordern eine Orientierungshilfe für den Umgang mit Umfragedaten
gerade jetzt mehr als bisher (in einer anderen Terminologie könnte man
von einer sich aktualisierenden "Marktlücke" sprechen). Wer sich in
wissenschaftlich angemessener Weise mit Umfragedaten beschäftigen will,
muß wissen, wie solche Daten zustandekommen und wie man sie verarbeitet,
muß die Probleme kennen, die mit der Datenerhebung verbunden sind, ebenso wie die Probleme der Auswertung. Erst dieses Wissen macht Umfragedaten handhabbar und Umfrageergebnisse kritisierbar. Um beides - die
Nutzung von Umfragedaten und die Sensibilität gegenüber ihren Ergebnissen - zu fördern, ist eine Orientierungshilfe, wie sie hier gegeben worden ist, mindestens nützlich, wahrscheinlich sogar notwendig.

Der Vorteil dieses Buches gegenüber gängigen Lehrbüchern liegt - ohne
deren Bedeutung pauschal oder für den Einzelfall in Frage stellen zu
wollen - sicher auch darin, daß sein ganzer Ablauf praxisorientiert
einem konkreten Projekt folgt, dem ALLBUS 1980, dessen Realisierung und
Ergebnisse prinzipiell öffentlich zugänglich, damit nachvollziehbar
sind.

Eine Schwierigkeit bei der Ausarbeitung dieses Buches bestand darin,
daß zwei Problemfelder thematisiert werden mußten, die auf den ersten
Blick nicht unbedingt vereinbar schienen. Auf der einen Seite wurde
sehr ausführlich beschrieben, wie ein Forschungsprogramm im Rahmen der
Umfrageforschung in der Praxis realisiert wird und welche Probleme dabei entstehen (können). Auf der anderen Seite - dies scheint der Widerspruch zu sein - wird die Sekundäranalyse von Umfragedaten als zukunfts-
trächtige Strategie thematisiert, begründet insbesondere gerade über
die zunehmende Schwierigkeit, eigene empirische Projekte durchführen
zu können. Man erfährt also zunächst, wie man Projekte realisiert und
wird dann auf die Sekundäranalyse verwiesen, weil man eigene Projekte
ohnehin nicht durchführen können wird.

Der Widerspruch ist, wie gesagt, nur scheinbar und wird gelöst, das
soll noch einmal betont werden, über die wissenschaftlich angemessene
Verarbeitung durch Dritte erhobener Umfragedaten. Diese setzt voraus,
daß man nicht nur Daten analysieren, sondern auch kritisch mit ihnen

umgehen kann. Der kritische Umgang mit Umfragedaten setzt Wissen voraus
über die Verfahren und Probleme bei ihrem Zustandekommen; dies impli-
ziert im übrigen generell die Forderung nach Veröffentlichung des For-
schungsweges, nicht alleine der Ergebnisse. Dieses Wissen über die Datengenerierung und ihre Probleme und Schwächen ist erforderlich, auch
wenn man selbst in den Prozeß der Datengenerierung nicht involviert
ist, vielleicht nie eigene Umfragen durchführen wird. Datenanalyse los-
gelöst von Datenerhebung und ohne Sensibilität für Datenerhebungspro-
bleme birgt die Gefahr blauäugiger Datengläubigkeit. Alles andere als
diese kann im Interesse derjenigen liegen, die ernsthaft bemüht sind,
der Profession inhaltlich interessante und methodisch hochwertige Umfragedaten für Sekundäranalysen zur Verfügung zu stellen.

Literaturverzeichnis

ADM - Arbeitskreis Deutscher Marktforschungsinstitute, Muster-Stich-
proben-Pläne, München 1979.

Albert, H., Hrsg., Theorie und Realität, zweite erweitere Auflage, Tübingen 1972.

Alemann, H. von, Der Forschungsprozeß. Eine Einführung in die Praxis
der empirischen Sozialforschung, Stuttgart 1977.

Allport, G.W., The Nature of Prejudice, Cambridge, Mass. 1954.

Amir, Y., Contact Hypothesis in Ethnic Relations, in: Psychological
Bulletin 71 (1969), S. 319-342.

Babbie, E.R., The Practice of Social Research. Second Edition, Belmont,
California, 1979.

Ballerstedt, E. und W. Glatzer, Soziologischer Almanach, Handbuch gesellschaftlicher Daten und Indikatoren, dritte Auflage, Frankfurt und
New York 1979.

Benninghaus, H., Deskriptive Statistik, vierte Auflage, Stuttgart 1982.

Berelson, B. und G.A. Steiner, Menschliches Verhalten, Bd. II: Soziale
Aspekte, Weinheim 1972.

Brückner, E., Kirschner, H.-P., Porst, R., Prüfer, P. und P. Schmidt,
Methodenbericht ALLBUS 1980, in: Zentralarchiv für empirische Sozialforschung der Universität zu Köln und Zentrum für Umfragen, Methoden und
Analysen (ZUMA) e.V., Hrsg., Allgemeine Bevölkerungsumfrage der Sozialwissenschaften ALLBUS 1980. Codebuch mit Methodenbericht und Vergleichsdaten. ZA-Nr. 1000. Projektleitung: M.R. Lepsius, E.K. Scheuch und R.
Ziegler, Köln 1982, S. 8-40.

Brüngger, H., Das Programm der O.E.C.D. zur Entwicklung Sozialer Indikatoren, in: H.-J. Hoffmann-Nowotny, Hrsg., Soziale Indikatoren, Internationale Beiträge zu einer neuen praxisorientierten Forschungsrichtung,
Reihe Soziologie in der Schweiz 5, Frauenfeld und Stuttgart 1976, S.
247-266.

Buchhofer, B., Friedrichs, J. und H. Luedtke, Alter, Generationsdynamik
und soziale Differenzierung, in: Kölner Zeitschrift für Soziologie und
Sozialpsychologie 22 (1970), S. 300-334.

Clauss, G. und H. Ebner, Grundlagen der Statistik. Für Psychologen,
Pädagogen und Soziologen, Thun und Frankfurt am Main 1977.

Chogran, G., Stichprobenverfahren, Berlin und New York 1972.

Diekmann, A., Einkommensdiskriminierung von Frauen - Messung, Analyseverfahren und empirische Anwendungen auf Angestellteneinkommen in der
Bundesrepublik, in: K.U. Mayer und P. Schmidt, Hrsg., Allgemeine Bevöl-

kerungsumfrage der Sozialwissenschaften. Beiträge zu methodischen Problemen des ALLBUS 1980, Frankfurt am Main und New York 1984, S. 315-351.

Dierkes, M., Die Analyse von Zeitreihen und Longitudinalstudien, in: J. van Koolwijk und M. Wieken-Mayser, Hrsg., Techniken der empirischen Sozialforschung, Band 7: Datenanalyse, München und Wien 1977, S. 111-169.

Duncan, O.D., Toward Social Reporting - Next Steps. New York 1969.

Duncan, O.D., Measuring Social Change via Replication of Surveys, in: K. Land und S. Spilerman, Hrsg., Social Indicator Models, New York 1975, S. 105-127.

Esser, H., Aspekte der Wanderungssoziologie, Darmstadt und Neuwied 1980.

Feick, J. und R. Mayntz, Bürger im demokratischen Staat - Repräsentative Einstellungen und Handlungseinschätzungen, in: Die Verwaltung 15 (1982), S. 409-434.

Fischer, H., Hörnschemeyer, W., Jaensch, R., Meier, E., Schneider, W. und F. Böltken, Einstellungen zu Gastarbeitern, in: Zentralarchiv-Informationen 9 (1981), S. 22-32.

Friedrichs, J., Methoden empirischer Sozialforschung, Reinbek 1973.

Gibowski, W., Die Bedeutung der Links-Rechts-Dimension als Bezugsrahmen für politische Präferenzen, in: Politische Vierteljahresschrift (1977), S. 600-626.

Glatzer, W. und W. Zapf, Hrsg., Lebensqualität in der Bundesrepublik. Objektive Lebensbedingungen und subjektives Wohlbefinden, Frankfurt und New York 1984.

Glenn, N.D., Cohort Analysts' Futile Quest: Statistical Attemps to Seperate Age, Periode and Cohort Effects, in: American Sociological Review 41 (1976), S. 900-904.

Glenn, N.D., Cohort Analysis. Sage University Paper Series on Quantitative Applications in the Social Sciences 07-005, Beverly Hills und London 1977.

Grizzle, J.E., Starmer, F.C. und G.G. Koch, Analysis of Categorial Data by Linear Models, in: Biometrics 25 (1969), S. 489-504.

Hagstotz, W., Kirschner, H.-P., Porst, R. und P. Prüfer, Methodenbericht ALLBUS 1982, in: Zentralarchiv für empirische Sozialforschung der Universität zu Köln und Zentrum für Umfragen, Methoden und Analysen (ZUMA) e.V. (Hrsg.), Allgemeine Bevölkerungsumfrage der Sozialwissenschaften ALLBUS 1982. Codebuch mit Methodenbericht und Vergleichsdaten. ZA-Nr. 1160. Projektleitung: M.R. Lepsius, E.K. Scheuch und R. Ziegler, Köln 1984, S. 12-44.

Hansen, M.H., Hurwitz, W.N. und W.G. Madow, Sample Survey Methods and Theory, Vol. I: Methods and Applications, Vol. II: Theory, New York, London, Sidney 1953.

Hempel, C.G., Aspects of Scientific Explanation, New York 1964.

Hoffmann-Nowotny, H.J., Hrsg., Soziale Indikatoren. Internationale Beiträge zu einer neuen praxisorientierten Forschungsrichtung, Reihe Soziologie in der Schweiz, Frauenfeld und Stuttgart 1976.

Inglehart, R., The Silent Revolution in Europe: Intergenerational Change in Post-Industrial Societies, in: American Political Science Review 65 (1971), S. 991-1017.

Inglehart, R., The Silent Revolution. Changing Values and Political Styles Among Western Publics, Princeton, New Jersey 1977.

Inglehart, R. und H.D. Klingemann, Party Identification, Ideological Preference and the Left-Right-Dimension Among Western Mass Publics, in: J. Budge, I. Crewe und D. Farlie, Hrsg., Party Identification and Beyond, London und New York 1976.

Institut für Demoskopie Allensbach, Eine Generation später. Bundesrepublik 1953 - 1979. Eine Allensbacher Langzeitstudie, Allensbach am Bodensee 1981.

Joereskog, K.G. und D. Sörbom, LISREL IV: Analysis of Linear Structural Relationships by the Method of Maximum Likelihood. User's Guide, Chicago 1978.

Joereskog, K.G. und D. Sörböm, LISREL V: Analysis of Linear Structural Relationships by the Method of Maximum Likelihood. User's Guide, Chicago 1982.

Kaack, H., Die personelle Struktur des 9. Deutschen Bundestages - ein Beitrag zur Abgeordnetensoziologie, in: Zeitschrift für Parlamentsfragen 13 (1981), S. 165-203.

Karmasin, F. und H. Karmasin, Einführung in Methoden und Probleme der Umfrageforschung, Wien, Köln und Graz 1977.

Kessler, D.C. und D.F. Greenberg, Linear Panel Analysis. Models of Quantitative Change. New York 1981.

Kirschner, H.-P., Komplexe Bevölkerungsstichproben: Eine Fallstudie, in: H.Stenger, Hrsg., Praktische Anwendungen von Stichprobenverfahren. Sonderheft zum Allgemeinen Statistischen Archiv 17 (1980), S. 69-84.

Kirschner, H.-P., ALLBUS 1980: Stichprobenplan und Gewichtung, in: K.U. Mayer und P. Schmidt, Hrsg., Allgemeine Bevölkerungsumfrage der Sozialwissenschaften. Beiträge zu methodischen Problemen des ALLBUS 1980, Frankfurt am Main und New York 1984, S. 114-182.

Kish, L., Survey Sampling, New York, London und Sidney 1965.

Klingemann, H.D., Testing the Left-Right-Continuum on a Sample of German Voters, in: Comparative Political Studies 5 (1972).

Klingemann, H.D. und F.U. Pappi, Politischer Radikalismus, München und Wien 1972.

Krauth, C. und R. Porst, Sozioökonomische Determinanten von Einstellungen zu Gastarbeitern, in: K.U. Mayer und P. Schmidt, Hrsg., Allgemeine Bevölkerungsumfrage der Sozialwissenschaften. Beiträge zu methodischen Problemen des ALLBUS 1980, Frankfurt am Main und New York 1984, S. 233-266.

Krecker, L., Partnerschaft im Verhalten und in den Wertorientierungen der jungen Generation, in: H. Schubnell, Hrsg., Alte und neue Thesen der Bevölkerungswissenschaft. Festschrift für Hans Harmsen, Schriftenreihe des Bundesinstituts für Bevölkerungsforschung, Boppard am Rhein 1981, S. 73-82.

Kristof, W., On the Theory of a Set of Tests which Differ Only in Length, in: Psychometrika 36 (1971), S. 207-225.

Kriz, J., Statistik in den Sozialwissenschaften, Reinbek 1973.

Krupp, H.-J., Das sozialpolitische Entscheidungs- und Indikatorensystem für die Bundesrepublik Deutschland - Genesis, Ziele, Struktur und Stand des Forschungsprojekts, in: H.-J. Hoffmann-Nowotny, Hrsg., Soziale Indikatoren. Internationale Beiträge zu einer neuen praxisorientierten Forschungsrichtung, Reihe Soziologie in der Schweiz 5, Frauenfeld und Stuttgart 1976, S. 139-163.

Krupp, H.-J. und W. Zapf, Sozialpolitik und Sozialberichterstattung, Frankfurt und New York 1977.

Küchler, M., Eine soziodemographische Beschreibung der Träger postmaterialistischer Einstellungen, in: K.U. Mayer und P. Schmidt, Hrsg., Allgemeine Bevölkerungsumfrage der Sozialwissenschaften. Beiträge zu methodischen Problemen des ALLBUS 1980, Frankfurt am Main und New York 1984, S. 215-232.

Laponce, J.A., The Use of Visual Space to Measure Ideology, in: J.A. Laponce und P. Smoker, Hrsg., Experimentation and Simulation in Political Science, Toronto 1972, S. 46-58.

Laponce, J.A., Spatial Archetypes and Political Perceptions, in: American Political Science Review 69 (1975), S. 11-69.

Laponce, J.A., Relating Biological, Physical and Political Phenomena: The Case of Up and Down, in: Social Science Information 17 (1978), S. 385-397.

Lord, F.M. und M.R. Novick, Statistical Theories of Mental Test Scores, zweite Auflage, Reading, Mass. 1972.

Mannheim, K., Das Problem der Generationen, in: K. Wolff, Hrsg., Karl
Mannheim. Wissenssoziologie. Auswahl aus dem Werk, Berlin und Neuwied
1964, S. 509-584.

Mason, K.O., Mason, W., Winsborough, H.H. und W.K. Poole, Some Methodo-
logical Issues in the Cohort Analysis of Archival Data, in: American Sociological Review 38 (1973), S. 242-258.

Mayer, K.U., Amtliche Statistik und Umfrageforschung als Datenquelle
der Soziologie. VASMA-Arbeitspapier Nr. 16, Mannheim 1980.

Mayer, K.U., Die Allgemeine Bevölkerungsumfrage der Sozialwissenschaften
als eine Mehrthemen- Wiederholungsbefragung, in: K.U. Mayer und P.
Schmidt, Hrsg., Allgemeine Bevölkerungsumfrage der Sozialwissenschaften.
Beiträge zu methodischen Problemen des ALLBUS 1980, Frankfurt und New
York 1984, S. 11-25.

Mayer, K.U. und P. Schmidt, Hrsg., Allgemeine Bevölkerungsumfrage der
Sozialwissenschaften. Beiträge zu methodischen Problemen des ALLBUS
1980, Frankfurt und New York 1984.

Mayntz, R. und J. Feick, Gesetzesflut und Bürokratiekritik: Das Problem
der Überregelung im Spiegel der öffentlichen Meinung, in: Die Verwaltung
15 (1982), S. 281-300.

Mrohs, E., Landbewirtschafter in der Bundesrepublik Deutschland. Lebens-
und Arbeitsgestaltung, Einkommensvielfalt, subjektive.Ortsbestimmung,
Forschungsbericht 256 der Forschungsgesellschaft für Agrarpolitik und
Agrarsoziologie, Bonn 1981.

Pappi, F.U., Sozialstrukturanalysen mit Umfragedaten. Probleme der stan-
dardisierten Erfassung von Hintergrundsmerkmalen in allgemeinen Bevölkerungsumfragen, ZUMA-Monographien Sozialwissenschaftliche Methoden,
Band 2, Königstein, Ts. 1979.

Pascher, P., Entwicklungschancen landwirtschaftlicher Haupterwerbsbe-
triebe. Forschungsbericht 257 der Forschungsgesellschaft für Agrarpolitik und Agrarsoziologie, Bonn 1981.

Popper, K.R., Logik der Forschung, fünfte Auflage, Tübingen 1973.

Porst, R., Nationaler Sozialer Survey. Deskriptiver Vergleich mit ausgewählten Zeitreihen, Mannheim 1980 (mimeo.)

Rattinger, H. und W. Puschner, Ökonomie und Politik in der Bundesrepublik. Wirtschaftslage und Wahlverhalten, in: Politische Vierteljahresschrift (1981), S. 264-286.

Reigrotzki, E., Soziale Verflechtungen in der Bundesrepublik. Elemente
der sozialen Teilhabe in Kirche, Politik, Organisationen und Freizeit,
Schriftenreihe des UNESCO-Instituts für Sozialwissenschaften Köln, Band
2, Tübingen 1956.

Rose, A.M., Minderheiten, in: W. Bernsdorf, Hrsg., Wörterbuch der Soziologie, Band 3, Stuttgart 1973.

Ryder, N.B., Cohort Analysis, in: International Encyclopedia of Social Sciences, 1968.

Schäfer, B. und B. Six, Sozialpsychologie des Vorurteils, Stuttgart, Berlin, Köln, Mainz 1978.

Schanz, V., Interviewereffekte: Zusammenfassende Darstellung von Arbeiten, die im Rahmen zweier von ZUMA betreuter Projekte entstanden sind, in: ZUMANACHRICHTEN 9 (1981), S. 36-46.

Schanz, V. und P. Schmidt, Interviewsituation, Interviewmerkmale und Reaktionen von Befragten im Interview: Eine multivariate Analyse, in: K.U. Mayer und P. Schmidt, Hrsg., Allgemeine Bevölkerungsumfrage der Sozialwissenschaften. Beiträge zu methodischen Problemen des ALLBUS 1980, Frankfurt und New York 1984, S. 72-113.

Schmidt, P., Soziale Wünschbarkeit, Aquieszenz und Methodeneffekte der Skalen im Nationalen Sozialen Survey. ZUMA-Arbeitsbericht Nr. 80/06, Mannheim 1980.

Schuman, H. und S. Presser, Questions and Answers in Attitude Surveys, New York 1981.

Sudman, S. und N.M. Bradburn, Response Effects in Surveys, Chicago 1974.

Wegener, B., Zentrum für Umfragen, Methoden und Analysen (ZUMA) e.V., in: Allgemeines Statistisches Archiv 64 (1980), S. 401-407.

Zapf, W., Gesellschaftliche Dauerbeobachtung und aktive Politik, in: H.-J. Krupp und W. Zapf, Sozialpolitik und Sozialberichterstattung, Frankfurt und New York 1977a, S. 210-230.

Zapf, W., Soziale Indikatoren - eine Zwischenbilanz, in: H.-J. Krupp und W. Zapf, Sozialpolitik und Sozialberichterstattung, Frankfurt am Main und New York 1977b, S. 231-246.

Zapf, W., Lebensbedingungen in der Bundesrepublik. Sozialer Wandel und Wohlfahrtsentwicklung, zweite Auflage, Frankfurt am Main und New York 1978.

Zentralarchiv für empirische Sozialforschung der Universität zu Köln, Zentralarchiv-Informationen 1 (1977).

Zentralarchiv für empirische Sozialforschung der Universität zu Köln und Zentrum für Umfragen, Methoden und Analysen (ZUMA) e.V., Hrsg., Allgemeine Bevölkerungsumfrage der Sozialwissenschaften ALLBUS 1980, Codebuch mit Methodenbericht und Vergleichsdaten, ZA-Nr. 1000, Projektleitung: M.R. Lepsius, E.K. Scheuch und R. Ziegler, Köln 1982.

Zentralarchiv für empirische Sozialforschung der Universität zu Köln und Zentrum für Umfragen, Methoden und Analysen (ZUMA) e.V., Hrsg., Allgemeine Bevölkerungsumfrage der Sozialwissenschaften ALLBUS 1982, Codebuch mit Methodenbericht und Vergleichsdaten, ZA-Nr. 1160, Projektleitung: M.R. Lepsius, E.K. Scheuch und R. Ziegler, Köln 1984.

Ziegler, R., Die Struktur von Freundes- und Bekanntenkreisen, in: F. Heckmann und P. Winter, Hrsg., Deutscher Soziologentag 1982, Beiträge der Sektions- und Ad hoc-Gruppen, Opladen 1983, S. 684-688.

ZUMA - Zentrum für Umfragen, Methoden und Analysen e.V., ZUMA-Broschüre, herausgegeben von M. Kaase und R. Wildenmann, zweite Auflage, Mannheim 1980.

Sachregister

ALLBUS 13f, 39
- Ergebnisse, inhaltlich 137ff
- Ergebnisse, methodisch 154ff
- Hauptstudie 69ff
  -- Feldphase 75
  -- Fragebogen 70f
  -- Fragenprogramm 70f
  -- Stichprobenverfahren 74ff
Analyse 117ff
- bivariate 123ff
- multivariate 127ff
- Randverteilungen 118ff

Datenbereinigung 95ff

Erkenntnisinteresse 104ff
Erklärung 109f

Filter 56ff
Fragenprogramm
- Auswahlkriterien 43
- Entwicklung 48ff
- Systematik 41ff

Gesellschaftliche Dauerbeobach-
  tung 17ff
Gewichtung 92ff
Gültigkeit s. Validität

Hypothesen 113ff

Interviewer
- Eigeninterview 71f
- Einflüsse 158ff

Kohortenanalyse 30ff
Kontaktprotokoll 75ff

NORC General Social Surveys 12f

Panels 36ff
Pretest
- Analyse, qualitativ 62ff
- Analyse, quantitativ 65ff
- Fragebogen 51ff
- Fragenprogramm 51ff
- Konsequenzen 67ff
Prognose 109f

Quotenstichprobe 59f

Reliabilität 81f, 84f
Replikation 24ff
- omnibus replication 24

Sekundäranalyse 101ff
Sozialberichte 19f
Sozialberichterstattung 17ff
Soziale Indikatoren 18f
Sozialer Wandel 11f
Soziale Wünschbarkeit 157f
Split halves 154ff
Surveys
- Kritik an Surveys 12, 21ff
- replikative Surveys 20
Stichprobe
- ALLBUS 1980 74f
  -- Ausschöpfung 91ff
  -- Realisierung 86ff
- Ausschöpfung 91ff
- Quotenauswahl 59f
- Repräsentativität 88ff
- Zufallsstichprobe 59

Umfragen s. Surveys

Validität 82ff
Variablen
- Operationalisierung 115ff

Zeitreihenanalyse 28ff
Zufallsstichprobe 59
Zuverlässigkeit s. Reliabilität

Studienskripten zur Soziologie

38 F. Böltken, Auswahlverfahren
    Eine Einführung für Sozialwissenschaftler
    407 Seiten. DM 19,80

39 H. J. Hummell, Probleme der Mehrebenenanalyse
    160 Seiten. DM 14,80

40 F. Golzewski/W. Reschka, Gegenwartsgesellschaften: Polen
    383 Seiten. DM 21,80

41 Th. Harder, Dynamische Modelle
    in der empirischen Sozialforschung
    120 Seiten. DM 14,80

42 W. Sodeur, Empirische Verfahren zur Klassifikation
    183 Seiten. DM 15,80

43 H. M. Kepplinger, Massenkommunikation
    207 Seiten. DM 16,80

44 H.-D. Schneider, Kleingruppenforschung
    2. Auflage. 343 Seiten. DM 19,80

45 H. J. Helle, Verstehende Soziologie und
    Theorien der Symbolischen Interaktion
    207 Seiten. DM 16,80

46 T. A. Herz, Klassen, Schichten, Mobilitäten
    316 Seiten. DM 19,80

48 S. Jensen, Talcott Parsons Eine Einführung
    204 Seiten. DM 16,80

49 J. Kriz, Methodenkritik empirischer Sozialforschung
    292 Seiten. DM 19,80

120 G. Büschges, Einführung in die Organisationssoziologie
    214 Seiten. DM 16,80

121 W. Teckenberg, Gegenwartsgesellschaften: UdSSR
    478 Seiten. DM 24,80

122 A. Diekmann/P. Mitter,
    Methoden zur Analyse von Zeitabläufen
    208 Seiten. DM 16,80

123 Goetze/Mühlfeld, Ethnosoziologie
    326 Seiten. DM 19,80

124 D. Ruloff, Historische Sozialforschung
    225 Seiten. DM 18,80

125 W. Tokarski/R. Schmitz-Scherzer, Freizeit
    289 Seiten. DM 19,80

126 R. Porst, Praxis der Umfrageforschung
    172 Seiten. DM 16,80

Preisänderungen vorbehalten